国控网水质自动监测运维管理常见问题与解答

GUOKONGWANG SHUIZHI ZIDONG JIANCE YUNWEI GUANLI CHANGJIAN WENTI YU JIEDA

姚志鹏 陈亚男 刘允 王延军/编著

中国环境出版集团·北京

图书在版编目（CIP）数据

国控网水质自动监测运维管理常见问题与解答 / 姚志鹏等编著. -- 北京 : 中国环境出版集团, 2022.10

ISBN 978-7-5111-5352-4

Ⅰ. ①国… Ⅱ. ①姚… Ⅲ. ①水质监测－自动化监测系统－运行－管理－问题解答 Ⅳ. ①X832-44

中国版本图书馆CIP数据核字(2022)第188840号

出 版 人　武德凯
责任编辑　曲　婷
装帧设计　彭　杉

出版发行　中国环境出版集团
（100062 北京市东城区广渠门内大街16号）
网　　址：http://www.cesp.com.cn
电子邮箱：bjgl@cesp.com.cn
联系电话：010-67112765（编辑管理部）
发行热线：010-67125803　010-67113405（传真）
印　　刷　北京中科印刷有限公司
经　　销　各地新华书店
版　　次　2022年10月第1版
印　　次　2022年10月第1次印刷
开　　本　787×960　1/16
印　　张　10.75
字　　数　200千字
定　　价　60.00元

《国控网水质自动监测运维管理常见问题与解答》

编写指导委员会

主　任

陈善荣

副主任

陈金融　刘廷良　肖建军　王锷一　毛玉如　郭从容

委　员

王业耀　李健军

编写委员会

主　编

姚志鹏　陈亚男　刘　允

副主编

王延军　陈　鑫　王　亮　赵　菲

编　委（按姓氏笔画顺序）

丁　楠　马立龙　王延军　王　亮　王　磊　卢　研　闫　鑫　牟宗艳
刘　京　刘　允　吕　倩　李芃芃　曲桂玉　陈　鑫　陈文鹏　陈亚男
阮家鑫　邵美琪　胡佳欣　姚志鹏　张　丽　赵　菲　徐小丽　铁振平
唐志明　翁嘉昌　曹延珺　黄智勇　潘　晨

编　审

姚志鹏　陈亚男

统　稿

王延军　王　亮

前　言

《国控网水质自动监测运维管理常见问题与解答》是全国地表水水质自动监测培训系列教材之一。

经过二十多年的发展，我国地表水自动监测站（以下简称水站）建设取得了长足进步，运维管理水平取得了显著提高，技术体系日趋健全与完善。由于国控水站多处于省界、国界断面，站点数量多，覆盖范围广，水体类型复杂多样，因而对运维机构与运维人员在技术与管理等方面提出了更高要求。为进一步加强与提升水站运维管理的规范化与精细化，确保监测数据质量，结合水站实际运维管理的规定要求与工作中常见问题，精心整理了这套“干货”题目，相当于地表水自动监测的“字典”，希望对运维管理者和现场运维人员有所帮助和指导，有利于促进国控水站运维质量再上新台阶，保证监测数据“真、准、全”。

《国控网水质自动监测运维管理常见问题与解答》涵盖了水站运维的技术、质控、管理、数据审核及评价、廉洁运维等方面的知识与内容，采用“一问一答”的形式，内容简洁、实用性强，是运维国控水站项目的各级管理者和一线运维人员的必备手册。

本书由刘允和王延军制定编制大纲并统筹全书编写工作。第一篇管理篇由陈亚男、王延军、姚志鹏等编写，第二篇技术篇由王延军、陈亚男、陈鑫等编写，第三篇数据审核与评价篇由刘允、王延军、王亮等编写，第四章廉政篇由姚志鹏、王亮、赵菲等编写。同时，很多参与国控水站运维与管理的一线工作人员在材料收集与审核方面做了较多工作。

在编写过程中，资料收集、筛选和整编等方面难免有失偏颇，加之时间仓促、水平有限，可能存在不足和疏漏之处，恳请读者批评指正。同时对本书编写人员以及无私提供相关资料的人员表示诚挚的感谢！

编　者

2022 年 1 月 1 日

目　录

DI-YI PIAN
GUANLI PIAN

第一篇　管理篇

管理是为实现组织目标服务的一个有意识、有目的地进行的过程。管理工作就是通过组织的运作将资源转化为成果、将投入转化为产出的过程。

国家地表水自动监测网络的管理就是以全过程、系统化的制度建设夯实管理之基，持续提升国控水站运维的规范化、标准化与精细化水平，确保国控水站正常稳定运行，实现环境监测“真、准、全、快、新”的目标。

目前，管理部门先后出台了《国家地表水水质自动监测站运行管理办法》（环办监测〔2019〕2 号）、《地表水自动监测技术规范（试行）》(HJ 915—2017)、《国家地表水水质自动监测站运行维护管理实施细则（试行）》，以及《国家生态环境监测网第三方运维单位服务质量星级评价办法（试行）》等规定，为国控水站稳定运行提供了坚实的制度保障。

本篇重点解答了四个方面的问题：一是明确国控水站运维机构的工作职责与内容、权利与义务；二是国控站点的调整程序与工作规程；三是运维机构服务质量动态管理考核评价机制；四是人为干扰监测行为的防范与惩戒。

第一章

国控水站运行管理工作及制度

1 国控水站运维机构负责水站哪些基本工作?

答：国控水站运维机构按照相关技术规范要求，负责水站的日常运行维护；承担水站实时监测数据和信息的采集、传输、审核；建立异常数据快速响应机制，及时处理数据中断、异常和仪器设备故障等情况。国控水站外景观见图 1-1。

图 1-1 国控水站外景观

2 运维机构如何做好突发情况的应急应对工作?

答：在发生突发性水污染事件时，应当立即启动应急运维预案，配合地方相关部门做好加密监测等相关工作，并报中国环境监测总站（以下简称总站）备案；在发生河流断流、冰封，地震、台风、洪水等情况，国控水站需要停运时，应当报请总站批准，并提供相关证明材料；停运期间，须做好仪器设备的维护保养，具备运行条件时要及时恢复运行。应急维护流程见图 1-2。

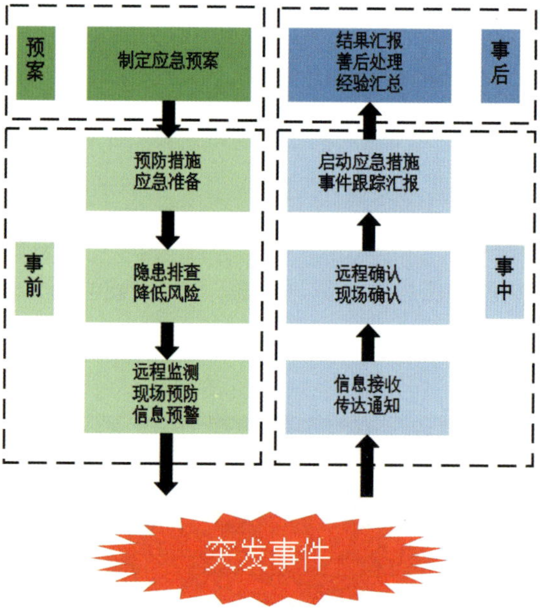

图 1-2 应急维护流程

3 运维机构日常监控值守主要包含哪些工作内容?

答：运维机构应实时监控监测数据并形成记录，对站点运行、参数设置、数据采集与传输情况进行远程监控，保障国控水站监测数据实时上传总站，每月对站点所有监测数据和信息进行备份。

4 运维机构如何建立健全内部质量管理机制?

答：运维机构应建立健全内部质量管理机制，细化运维规程，规范运维人员、仪器设备、备品备件、试剂耗材、监测设施和实验环境管理。按照相关技术标准规范要求，定期做好国控水站仪器设备的零点漂移、跨度漂移、标样核查、多点线性核查、实际水样比对、集成干预检查和加标回收等质控工作，保证监测数据质量。

第二章

水站管理

1 对于国控水站站点管理有哪些相关规定或要求?

答：①国控水站监测点位的设置由生态环境部确认，未经生态环境部批准任何单位或个人不得擅自变更、撤销监测点位；

②运维机构应关注站点位置和采水位置的变化，发现监测站点出现未经批准的变更情况应第一时间报告总站；因自然河道摆动、水位下降等原因导致原采水点失去水样代表性或代表性不足时，运维机构应及时通知地方生态环境主管部门进行调整并在国家水质自动综合监管平台（以下简称平台）报备；

③经生态环境部批准的站点变更、撤销等工作，运维机构须予以配合。

2 运维机构发现哪些干扰采样的情形应及时向总站报告?

答：①在河流或湖库站点的采水口周边规定范围内，采取设置人工喷泉、曝气等增氧措施或投放生物、化学药剂等措施，强行改变水体理化性质的；

②针对国控水站采水环境实施人为干预，造成河流改道或断流，故意绕开站点采水口，导致站点失去水体污染监控作用的；

③其他破坏或干扰采样的情形。

干扰采样典型案例见图 1-3。

增加补水装置

增加隔离带

河道撒药

曝气装置

图 1-3 干扰采样典型案例

3 因自然原因导致水站采水装置无法恢复原位的情况，应该如何处理？

答：因自然原因（台风、潮汐、暴雨、径流变化等）导致采水口位置发生变化的，运维机构应将采水装置恢复原位。确因客观原因无法恢复至原位的，应及时告知地方生态环境主管部门，并向总站申请，见图 1-4，经总站审核同意后，将采水装置按照采样相关技术要求进行调整，并以书面形式将调整结果告知地方生态环境主管部门。

图 1-4 自然原因导致采水装置无法恢复原位的案例

4 对国控水站的档案管理有哪些具体要求?

答：①运维机构负责保管国控水站资料并保证其完整性。按相关“一站一档”要求建立国控水站运维档案，包含仪器设备说明书、程序文件、作业指导书、质量手册、系统水电图、防雷检测报告、消防设施检测报告等资料。

②作业指导书、质量手册、说明书、相关记录表等技术文件应根据实际情况进行更新完善。

5 当遇到哪些情形时，可申请国控水站停运?

答：①因不可抗力导致国控水站无法正常运行的。包括台风、暴风雪、河流 / 湖面冰封等恶劣天气；地震、洪水、泥石流、塌方等地质灾害；河道施工、自然断流等外部客观因素。不可抗力致水站无法运行的场景见图 1-5。

②因水站内部仪器设备更新改造、站房（浮船船体）维护修缮等原因影响国控水站正常运行的。

③因采水设施故障、采水点处水深不满足要求等原因导致采水系统不能正常运行的。包括因枯水期河道水位降低，采水设施故障、采水管道冰冻等因素。

④因给水和供电故障导致监测系统无法正常运行的。

⑤因待测水体的浊度太高，采用现有的预处理方式确已无法满足仪器测定要求的。

站房摧毁

道路塌方

河道断流

冬季河道冰封

疫情管控

洪涝灾害

图 1–5 不可抗力致水站无法运行的场景

6 国控水站停运期间，运维机构需要采取哪些措施确保监测数据的连续性?

答：运维机构应根据水站前期运行情况预判可参评数据量，制订补测计划：

①水站运行但全月可参与评价的自动监测数据不足 6 个时，采用自动监测仪器补测至 6 个（补测每周不多于 2 次）；采用移动监测车（实验室仪器）和 CMA 实验室补测方式的全月不得少于 1 次。

②水站运行但全月自动监测数据无法参与评价时，采用自动监测仪器补测的全月不得少于 6 次（补测每周不多于 2 次）；采用移动监测车（实验室仪器）和 CMA 实验室补测方式的全月不得少于 1 次。

③水站停运期间补测频次为每周 2 次。

7 因自然灾害导致国控水站采水设施损坏时，运维人员应该如何处理?

答：当国控水站采水设施因自然灾害损坏时，运维机构应以书面形式及时向地方生态环境主管部门进行反馈，报总站备案，并配合修复或重建工作。由地方生态环境主管部门建设的临时性采水设施，运维机构应及时将采水方式、方法向总站报备；地方生态环境主管部门未能及时修复采水设施或搭建临时性采水设施的，在条件允许的情况下，运维机构可采取符合规范的临时采水方式，保障监测数据的连续，并将临时采水方式、方法向总站报备。

8 在国控水站站房现场内，存放的非国控水站仪器或设备应该如何处理?

答：①国控水站中除常规五参数、高锰酸盐指数、氨氮、总磷、总氮、叶绿素 a 和藻密度等分析仪外，其他地方生态环境主管部门增配安装的仪器设备原则上应由地方生态环境主管部门进行物理隔断，确因客观原因无法进行物理隔断的，不得影响国控水站仪器设备和系统的正常运行；

②运维机构应对国控水站中的物理隔断情况进行备案，若出现地方生态环境主管部门增配安装的仪器设备影响国控水站仪器设备和系统正常运行的情况，应及时向总站报告。

9 国控水站预处理系统的设置和使用有哪些基本要求?

答：①针对泥沙较大水体，以及暴雨、泄洪等因素导致浊度升高影响国控水站仪器正常监测的，可根据水体实际情况调整预处理方式，调整后不应改变水样代表性，具体处理方式见表 1- 1。

②运维机构应对水站的预处理方式及其启用 / 停用条件进行备案，不得随意更改；确需更改的，由运维机构审核确认后再次提交备案。

表 1-1 水样预处理方式

指标	水体类型	原水浊度 /NTU	处理方式	具体技术要求
总磷	一般水体［如遇到藻类聚集，应先过 63μm 的过滤筛（网）］	≤ 200	自然沉降	沉降 30min，取上清液
		200 ～ 500	自然沉降	沉降 60min，取上清液
		＞ 500	离心	2 000r/min，2min, 取上清液
	感潮河段	≤ 200	自然沉降	沉降 30min，取上清液
		＞ 200	离心	2 000r/min，1min, 取上清液
高锰酸盐指数、氨氮、总氮	≤ 500		先经 63μm 筛网过滤，然后沉降 30min，取上清液	
	＞ 500（多泥沙水体）		2 000r/min，2min，取上清液	

10 仪器停机复运需要做哪些质控工作?

答：①国控水站仪器、设备停运时长少于 7 天，须进行标液核查合格后恢复运行；停运时长超过 7 天（含 7 天），须进行仪器、设备多点线性核查和集成干预检查，检查合格后并上传复运报告，方可恢复运行。

②水站仪器、设备升级改造或更换备机等情况，需先进行相关设备、仪器性能测试，经总站同意后可进行复运。

11 国控水站视频监控的日常维护工作包括哪些方面?

答：①检查视频监控摄像头转向控制是否正常；

②检查各视频监控摄像头是否被遮挡或录摄是否为指定区域；

③检查视频回放功能是否正常，排除存储硬盘故障；

④检查夜间录像，查看红外补光灯是否正常。

视频监控场景实例见图 1- 6。

图 1- 6 视频监控场景实例

12 核实水站异常数据排查要点有哪些?

答：①仪器设备性能检查，对仪器进行有证标准物质多点线性质控、多次平行样测试，排除由于设备性能原因导致的异常数据。进行集成干预测试，排除因采水系统导致的异常数据。

②复测留样器留存水样，采样送实验室检测，核实是否存在超标情况。

③结合视频录像排查是否存在人为干扰监测情况。

④检查上下游排污口变化情况。

⑤结合历史数据排查数据是否存在间歇性周期变化。

⑥检查站点周边环境是否改变，如上游是否存在开放闸、河道施工或采样水体周边是否存在船只下排污水等情况；是否存在降雨强度较大时，河道水体受

降雨扰动、两岸边坡冲刷等导致水体浊度异常；是否存在采水口周边有水草异物、涨落潮等情况。

⑦排查是否存在因自然原因导致数据异常的情况，如气温波动导致溶解氧周期性变化、藻类暴发导致 pH 和溶解氧变化。

⑧核实后确为异常数据的，应立即编制异常数据专项报告上报总站。

13 浮船站供电常见问题的检查要点与解决措施主要有哪些?

答：①充电电压不足。通过查看充电控制器显示屏充电电压、电流，判断供电系统工作状态。晴天充电电压一般在 50V 以上，阴雨天充电电压在 20V 以上。定期检查太阳能电池板外观，若覆盖灰尘杂物，需立即清理。

②供电电压过低。太阳能充电控制器电压输出端的正常电压为 28V 左右，低于 23V 仪器会自动断电。输出电压过低可能存在的原因包含：数采仪未开启省电工作模式，导致设备长期处于通电状态，电能消耗大，此时应检查数采仪设置，保证工作模式为“省电模式”；长时间阴雨天导致电能补充不足，建议使用发电机对电池进行充电。

③太阳能充电电压正常，工作模式处于“省电模式”，但仍经常出现缺电报警。检查太阳能板接头、蓄电池接头等地方是否出现螺丝松动的情况，如松动，需紧固接头，避免出现因接头接触不良导致电池虚充。

14 浮船站点平台离线故障应如何排除?

答：①物联网卡问题。查询物联网卡状态，确认是否正常，检查 VPN 设备上 3G/4G 指示灯是否亮起，若异常，需在断电情况下拆下物联网卡，重新安装，亦可准备备用手机卡替换测试。

②VPN 问题。首先检查 VPN 电源指示灯是否亮起，若异常，需检查 VPN 供电开关电源输出电压是否大于 12V，若不满足，需更换 24 ～ 12V 电源模块；在 VPN 供电正常情况下，对照作业指导书逐项检查 VPN 的设置，确保设置正确。

③运营商网络信号问题。物联网卡、VPN 检查无问题情况下，通过运维人员自带手机，检查物联网卡运营商在浮船站处信号强度，若因附近网络信号铁塔

迁移、故障等情况，网络信号变弱可能导致站点离线。一个片区需常备不同运营商手机卡各一张，当一个运营商网络信号出现问题时，及时切换运营商卡，保证站点在线。

故障排除现场见图 1-7。

图 1-7 故障排除现场

15 多参数电极数据不稳定或者通信异常如何排查解决?

答：①数值不稳定一般因电极问题导致，如校准错误、信号干扰或电极超出使用寿命等。

解决方法：对电极进行重新校准或更换电极，见图 1- 8。

②通信异常一般为电路板通信模块问题，如线缆连接不通畅或供电故障。

解决方法：检查线路以及通信设置，如果无问题，一般可确认为传感器问题，需返厂维修。

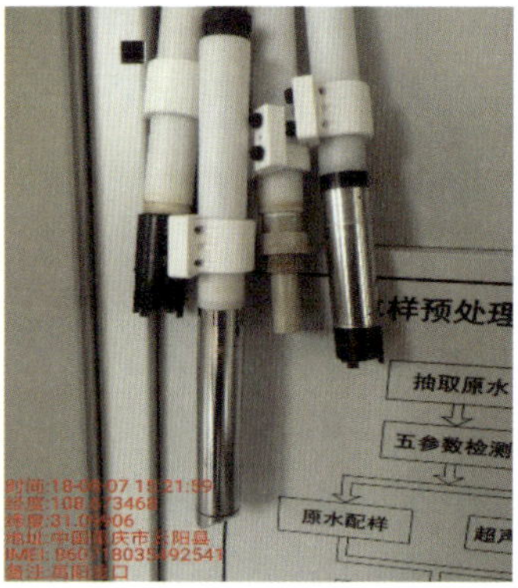

图 1-8 电极

16 如何检查水站的试剂、管路及仪器的主要部件?

答：①对照试剂更换记录检查试剂的配制时间、颜色及剩余量，对不符合试剂消耗量、颜色不正常的试剂进行登记并进行原因分析；

②查看试剂管路是否变色、堵塞，硬管之间衔接处是否密实，仪器检测池是否干净；

③查看主要部件是否存在故障，如电机工作声音是否异常、ORP 电极是否有污垢、电磁阀能否正常工作、联动模块是否正常工作、反应杯是否破裂等，若发现异常则应开展相应的维护。

17 浮船站取样设施与取样管清洁检查的重点有哪些?

答：①检查取水箱是否完整，有无裂痕，若有裂痕需在裂口处焊接并加焊支撑架；

②检查滤网是否完整、干净，若发现破漏或脱落应及时更换新的滤网，滤网上附着物较多时应进行清洗；

③检查高锰酸盐指数、氨氮、总磷、总氮的取样管，重点观察水样管对接处是否干净，水样管取水头处是否干净，取样管其他部位是否有堵塞。

18 高锰酸盐指数、氨氮、总磷与总氮自动分析仪器定量抽取标液、纯水、试剂时，如有气泡产生应该如何处理?

答：首先判断设备管路是否存在漏气现象，如有气泡出现按下面流程处理：

①用注射器连接定量管上方空气管出口，取满管清水；

②取出设备所有试剂管、水样管、清水管、废液管，放入废液桶；

③维护界面打开对应电磁阀；

④手动反推注射器（气密性完好情况下无法推动）；

⑤漏气的情况下，观察哪一根管有清水流出；

⑥拆开该管对应的电磁阀，打开检查是否有泥沙堵塞，导致漏气，并清理；

⑦安装回电磁阀，若仍漏气，则为电磁阀故障，需进行更换。

19 高锰酸盐指数自动分析仪测试不稳定或电极滴定无响应时，应该如何处理？

答：①观察试剂添加步骤对应检测池中溶液颜色变化情况：加消解液、氧化剂消解时变深红，加还原液后瞬间变澄清，加氧化剂滴定会出现由澄清到微红的过程；

②若检测池溶液变化不正常，查找分析是否存在试剂问题或仪器硬件问题（消解池连接管是否破裂等）；

③若检测池溶液颜色变化正常，查找分析电极和电极模块问题，可通过更换备件试验判断。

20 水站站点离线的处理流程是怎样的？

答：①现场确定站点是否供电正常，如因供电中断导致离线，应恢复供电。

②如确认供电正常，则需检查现场网络是否正常：

a. 先查看工控机运行是否正常，是否能正常上网；

b. 如果工控机运行正常，查看水质软件是否运行正常；

c. 检查 VPN 连接是否正常、VPN 运行是否正常；

d. 如果以上均运行正常，检查网络外部线路以及是否欠费。

③如果供电与网络均正常，联系平台查看是否有数据包上传；如无数据包上传，再次确认工控机和 VPN 是否正常。

21 如何恢复 VPN 产品出厂配置？

答：①先将设备关机；

②准备一根交叉线（交叉线即 A 线序和 B 线序）；

③使用交叉线连接设备面板上任意两个电口（注意：如果为 AC/SG 设备交叉线短接的口最好为 eth0 和 eth1 口，即非 bypass 口和网桥口）；

④再将设备开机，设备重启后，即完成恢复出厂配置（此过程将持续 5 ～ 10 min）。

22 冬季冰封期溶解氧原位比对应注意哪些事项?

答：①查看冰面是否具备安全作业条件，无问题后使用冰钎、油锯等破冰工具破开封冻冰层，见图 1-9。破冰过程中应注意避免所采样品受破冰过程影响而污染，从而影响样品代表性。

②如环境温度过低，五参数便携测量时，需搅拌水样防止水样冰冻，并使水体保持一定流速。

③样品采集比对完毕后，应在破开冰口附近做好警示标记，防止发生安全问题。

图 1-9 凿冰现场

23 冬季冰封期实际水样比对时，原位采样操作应注意哪些事项?

答：①查看冰面是否具备安全作业条件，无问题后使用冰钎、油锯等破冰工具破开封冻冰层；破冰过程中应注意避免所采样品受破冰过程影响而污染，从而影响样品代表性；

②破冰后记录好水体涌水情况，应能清晰反映出涌水速度和水体状况；

③采用深水采水器采集冰下水深 0.5 m 处的水样，当水深小于 0.5 m 时，采集水深 1/2 处水样；

④按要求采集样品并加入固定剂，及时邮寄至 CMA 实验室测量。

24 河流中氨氮含量增高，将会对水体带来哪些变化与危害？其他监测指标有何变化？

答：长期氨氮含量高，水体可能导致发臭，水中微生物繁殖生长迅速；氨氮是水体中的营养素，氨氮含量升高可导致水体富营养化现象产生，见图 1-10；氨氮是水体中的主要耗氧污染物，氨氮含量升高会使水体溶氧降低，对鱼类及某些水生生物有毒害作用；氨氮含量升高，一般电导率和总氮也会同步升高。

图 1-10 水体富营养化

25 当仪表校准结果不合格时，应如何排查？

答：①首先检查标准溶液是否过期或配制过程是否存在不规范问题，试剂是否存在过期及变质现象，复测查验。

②检查仪器测量 / 校准日志，有无报警信息；检查加热温度、搅拌、反应杯、计量管、光源信号、阀路有无异常。

③根据初步排查结果，进行修复后再测试 / 校准。

④经检查仪器运行状态良好，且无法确定标准溶液及反应试剂异常时，应重新更换配制标准溶液并更换试剂再测试 / 校准。

⑤如通过以上排查或解决方式仪器仍存在问题，应考虑仪器存在不易查验的管路和反应池污染、阀路串液漏液、计量误差、稀释用水等问题的存在。

⑥经全面排查解决故障后，重新校准，并采用多点重复核查方式确定仪器的准确性、稳定性。

26 藻类暴发会影响水体哪些指标，原因是什么？

答：藻类植物主要影响水质中的 pH 和溶解氧。藻类暴发，水体表面的藻类利用光合作用吸收水中的游离二氧化碳释放出氧气，表层水氧充足，并使水中积累 CO_3^{2-} 和 OH^-, 导致 pH 升高。但由于藻类密集，阳光很难进入深层水体，使深水层的藻类光合作用受到明显抑制，溶解氧来源减少。当藻类死亡后不断沉积、腐烂、分解，消耗水中溶解氧，致使溶解氧下降。藻类暴发水体见图 1-11。

图 1-11 藻类暴发水体

27 采集不到控制单元信号的原因与处理办法有哪些？

答：①可能原因：端子接线松动；中心控制单元故障；模拟量输入单元故障；数据传输线路损坏；ModBus 通信死机；

②处理办法：重新连接线缆；检查中心控制单元；检查模拟量输入单元；更换线路；重启相应设备。

28 请列举平台中需要填报的主要电子工单类型。

答：需要填报的主要电子工单类型有 10 种，见图 1-12。包括仪器关键参数备案及变更清单、巡检维护清单、试剂更换清单、耗材及配件更换清单、仪器设备检修清单、访客登记清单、废液处置清单、仪器校准清单、标准样品更换清单、廉洁运维清单等。

图 1-12 平台中需填写的电子工单

29 图 1-13 为某湖库站点水质监测数据，请指出各参数的水质类别并列举其限值。

数据列表 单参数图表 多参数图表

	监测时间	水温(℃)	pH(无量纲)	溶解氧(mg/L)	电导率(μS/cm)	浊度(NTU)	高锰酸盐指数(mg/L)	氨氮(mg/L)	总磷(mg/L)	总氮(mg/L)
	Ⅲ类标准限值		6~9	≥5			6	1	0.05	1
1	2021-01-20 20时	9.3	7.72	10.18	271.9	95.3	1.92	0.160	0.084	2.80
2	2021-01-20 16时	9.1	7.72	10.22	270.0	77.0	1.76	0.180	0.084	3.06
3	2021-01-20 12时	8.6	7.72	10.48	273.5	84.0	1.80	0.170	0.086	3.14
4	2021-01-20 08时	8.2	7.73	10.50	273.0	100.6	2.00	0.190	0.091	3.21
5	2021-01-20 04时	8.4	7.74	10.32	267.6	84.9	1.73	0.170	0.090	3.26
6	2021-01-20 00时	8.6	7.74	10.31	265.9	85.2	1.84	0.150	0.035	3.03
7	2021-01-19 20时	8.9	7.73	10.57	266.7	94.5	2.20	0.170 ?	0.087	2.81
8	2021-01-19 16时	8.6	7.73	10.24	280.4	115.4	2.08	0.660 ?	0.104 ?	3.88 ?
9	2021-01-19 12时	7.6	7.73	10.50	290.0	117.7	1.57	0.200	0.104 ?	3.88 ?
10	2021-01-19 08时	7.6	7.74	10.32	277.8	96.2	2.20	0.160	0.104 ?	3.88 ?
11	2021-01-19 04时	7.9	7.75	10.38	277.3	113.0	2.27	0.150	0.112	3.75
12	2021-01-19 00时	8.2	7.74	10.32	279.4	108.8	2.47	0.160	0.099	3.95

图 1-13 某湖库站点水质监测数据

答：溶解氧Ⅰ类水，高锰酸盐指数Ⅱ类水，氨氮Ⅱ类水，总磷Ⅲ类水，总氮劣Ⅴ类水。水质类别限值如表 1-2 所示。

表 1-2 地表水环境质量标准基本项目标准限值

分类标准值	Ⅰ类	Ⅱ类	Ⅲ类	Ⅳ类	Ⅴ类
pH（无量纲）	6～9				
溶解氧≥	饱和率 90%（或 7.5）	6	5	3	2
高锰酸盐指数≤	2	4	6	10	15
氨氮（NH_3-N）≤	0.15	0.5	1.0	1.5	2.0
总磷湖库（以 P 计）≤	0.01	0.025	0.05	0.1	0.2
总氮（湖、库，以 N 计）≤	0.2	0.5	1.0	1.5	2.0

30 当现场 VPN 网络故障时，运维人员应该如何排查？

答：①首先检查本地网络连接是否正常。检查网络是否连通、网络是否稳定、应用程序服务器是否开启以及主机硬件是否正常。

②检查确认接入网络运营商设备运行状态，是否有报警，其次确认运营商的网络能否连接互联网。

③检查确认 VPN 配置是否正确，Telnet 是否连通服务器端口。

④最后检查 VPN 硬件是否存在故障。

31 当采样器无法正常留样时，应如何检查与处理?

答：①检查采样器通信是否正常，如异常，则检查采样器通信板和工控机串口等；

②检查采样器控制器是否正常，如异常，应更换控制器；

③检查进样泵是否正常工作，如异常，则更换进样泵；

④检查采样器源头是否能够正常提供水样，如异常，则检查管路是否漏液、堵塞。

32 如何检查关键参数是否匹配?

答：①检查每日零点核查、跨度核查、水样测试的 k、b 值是否一致；

②检查监测数据与平台反算结果是否匹配；

③检查关键参数是否在平台备案的区间内。

仪器测试关键参数匹配界面见图 1-14。

	名称	参数值	备案范围	是否匹配
1	测量量程	10 mg/L	-	-
2	测量精度	3	-	-
3	测量间隔	0 min	-	-
4	测量检出限	0.5 mg/L	-	-
5	消解温度	90 ℃	87 ~ 93	匹配
6	消解时长	18 min	15 ~ 21	匹配
7	测量信号值（x值）	12232.000000	-	-
8	曲线斜率（k值）	0.000645	0.0001 ~ 0.0012	匹配
9	曲线截距（b值）	-5.780679	-12 ~ -1	匹配
10	线性相关系数（R^2）	1.000000	0.99 ~ 1	匹配
11	二次多项式系数（a值）	0	-	-
12	仪器上传原始值	2.109	-	Y=kX+b
13	平台反算结果	2.11	-	匹配
14	稀释倍数（e值）		-	-
15	三项式系数（c值）		-	-
16	空白标定系数（d值）		2000 ~ 15000	-
17	量程系数（f值）		-	-
18	空白校准时间	2022-04-01 22:01:35	-	-

图 1-14 仪器测试关键参数匹配界面

33 试剂使用与更换的要求有哪些?

答：①试剂应在有效期内使用；

②试剂标签字迹应清晰，内容完整，需包括试剂名称、配制人、配制时间和有效期；

③试剂标签不应被覆盖；

④应上传试剂更换前后照片（同一张照片允许摆放多种试剂）；

⑤更换试剂后必须进行校准并在平台填写校准记录。

34 停运补测技术要求有哪些?

答：①受水体高浊度影响补测时，应记录水样浊度。

②受水体高盐度影响补测时，采集退平潮水样，应记录原水样盐度。

③受水体低水位影响补测时，采样时不可搅动水体底部的沉积物，不能混入漂浮于水面上的物质。

a. 若采样点位的河水比较浅，采水位置无桥梁同时采样船无法到达，在确保安全的情况下应选择涉水采样。采样者应站在下游，向上游方向采集水样。

b. 不具备涉水采样条件时，也可采用岸边采样方式采集样品，用长把采水装置或容器在水深的 1/2 处采集水样。

④受藻类影响补测时，采样时要避开藻类，水样要全部通过 63μm 的过滤筛（网）过滤。

⑤冰冻断面停运补测：

a. 在确保安全条件下，进行钻冰采样。

b. 水体封冻，采集冰下水深 0.5 m 处的水样，水深小于 0.5 m 时，在水深 1/2 处采样。

c. 破开冰面后，观察水体是否为活水，如有水涌出，需进行采样，否则不采样，但需拍照做好记录并报备。

d. 无论采用何种方式开展冰面钻孔，都应采取措施避免所采样品受钻冰影响而沾污，从而影响样品代表性。

e. 采样时，如果环境温度过低，样品进入容器内即结冰，可不用样品荡洗。

f. 建议在采样前将固定剂提前加入到样品瓶中，防止水样倒入容器后因冻冰而无法加入固定剂或无法与固定剂混匀。

⑥雨季断面停运补测：

a. 应注意避开初期雨水，等水质稳定以后再进行采样。

b. 应注意遮雨，防止雨水进入采样容器。

c. 尽量避免因雨水冲刷而造成的沉积物搅动对水样的污染。

d. 注意避开水体漂浮物。

35 停运补测数据录入要求有哪些?

答：①水站非正常运行期间人工补测应报送的数据包括采样记录、关键环节照片 / 视频、现场监测记录表、水样交接记录表、监测结果、质控记录等。

②采用便携式仪器进行原位监测时，监测结果应在 2 日内由运维机构人工录入平台，现场监测记录、照片 / 视频、仪器检定 / 校准记录作为附件同步上传。

③采用水站自动监测仪器和移动监测车（自动监测仪器）分析时，应实现仪器与“国家水质自动综合监管平台”的互联互通，相关数据上传至平台（采样记录表、采样关键环节照片 / 视频由运维人员填报至运维记录中）。

④采用 CMA 实验室分析时，监测结果应在每月 30 日前由运维机构人工录入平台，采样记录、关键环节照片 / 视频、水样交接记录、监测报告、质控结果（实验室空白、有证标样、平行样、全程序空白、校准—曲线中间点、加标回收样）、分光光度标准曲线原始记录（标准溶液浓度、标准溶液体积、标准溶液加入量、吸光度、减空白后校正吸光度、截距 a、斜率 b、相关系数 r）作为附件同步上传。

36 台风等恶劣天气前如何开展维护?

答：台风、暴风雨雪等恶劣天气可能对水站设施造成巨大损失，在收到气象部门关于台风、暴风雨雪等恶劣天气预警后，可在平台报备应急维护。有条件的水站，对采水系统、门窗等设施进行加固，必要时可在报备总站的前提条件下申请停运，并收回采水浮筒等采水设备，及时搬移仪器设备至安全处，避免造成国有资产损失。

37 一般会有哪些原因导致站点工控机数据无法上传至平台?

答：①现场 WAN 网络故障，电信、移动、联通三大运营商提供的接入网络故障，一般包含线路故障（光纤和双绞线）、设备故障（光猫、协转和路由器）以及服务器导致的故障（异常欠费、用户名密码变更等）；

②现场网络设备故障，此部分设备包含运营商提供的终端设备（光猫、协转、路由器等）与工控机之间的部分。因国控水站的特殊性，现场网络设备一般由路由器、交换机和 VPN 组成。路由器负责拨号连接网络，并为 VPN 提供固定的 IP 地址，交换机负责将视频设备和工控机同时接入 VPN 网络，VPN 负责对数据进行加密接入总站专用网络。此部分设备故障排查时，一般使用笔记本电脑登录对应设备的管理网页，检查网络连接状态，发现故障设备进行更换。

38 一般会有哪些原因导致平台无法查看视频监控?

答：平台无法查看视频监控，可能由以下几方面原因导致：

①现场视频监控设备故障，未向平台提供视频画面。首先是将显示器连接硬盘录像机 VGA 接口，检查判断是哪一部分摄像机故障，确定故障的摄像机后，应检查摄像机的供电是否正常，一般使用万用表进行测量，常见摄像机供电为 24VDC，若供电异常则更换电源适配器；若供电正常，则使用网络测线仪测试网线是否正常，若测试不通则需要更换网线，如图 1-15 所示。

图 1-15 网络测线仪

②视频监控设备未接入平台或网络故障。因硬盘录像机与网络摄像头连接时，即使硬盘录像机与摄像头的IP不在同一网段，仍可以通过显示器查看到画面，只是无法进行存储和控制，当确定电源和线路正常时，考虑更换摄像头。

③总站带宽受限，暂时无法查看。视频监控设备需接入总站专网，接入点在VPN工控机之间，使用交换机进行接入，接入时需要为视频监控设备分配总站为本站点指定的网段内未使用的IP地址，不能超出网段外，也不能重复使用。一般正常接入后，可以通过工控机直接访问视频监控设备的IP地址进行查看和管理，若无法访问则表明接入未成功，可能是IP地址信息设置错误。

第三章

国家地表水环境质量监测断面调整工作规程

1 国控断面调整，省级生态环境主管部门职责是什么?

答：省级生态环境主管部门统一负责本行政区域内国控断面调整申请，组织准备论证材料，并根据生态环境部生态环境监测司批复结果组织实施。

2 国控水站调整需要提供哪些材料?

答：国控水站调整申请材料包括申请文件和技术报告，具体为：

①调整理由、调整内容、调整计划及地市级政府五年内不再调整的承诺书；

②原水站点位信息，包括基本信息、水质情况、水文信息（需明确信息的时段）；

③拟调整位置建设水站条件，包括“四通一平”基础条件、水系水文情况、采水点位情况等；

④拟设采样点位周围污染源信息（应单独形成一个文本），包括污染源（点源和面源）的主要污染指标与排放量等必要信息，并附地图标注污染源与拟设采样点位的位置与距离，拟设采水点与原采水点位置及距离、水文差异情况说明；

⑤拟建水站位置图集（应单独形成一个文本），包括拟建水站地点的八方位图，拟设采样点位断面上下游、左右岸的照片，手工监测断面照片，拟建水站地点、拟设采样点位、手工监测断面位置关系图；

⑥拟设采样点位与手工监测断面水质比对分析报告，比对指标需包括水站

实际监测指标，比对监测至少连续 5 天，监测频率不低于每天 2 次，因原采样点位不具代表性提出调整申请的，需提供国控水站原采样点、拟设采样点与手工断面监测数据比对分析报告；

⑦技术报告的专家论证意见；

⑧涉及跨省界、市界国控水站调整的，须双方出具一致意见；

⑨因城市建设、水利工程、水文情况变化等情况提出调整的，需提供相关部门证明材料。

3 运维过程中，有媒体采访询问日常运维的工作内容，是否可以接受采访或在自媒体发布?

答：否，未经总站批准不得擅自接受媒体采访，不得通过微博、微信等公开方式发布与工作内容相关的信息。

第四章

人为干扰环境质量监测行为

1 属于涉嫌一般人为干扰环境质量监测数据的情形有哪些?

答：非运维人员违规进入国家水站站房及采样区域（站房周边设置栅栏的，采样区域以栅栏为界；未设置栅栏的，采样区域以距离采样器 20 m 为界），但未接触监测设施或视频监控等辅助设施的，见图 1-16。

图 1-16 一般人为干扰

2 属于涉嫌严重人为干扰环境质量监测数据的情形有哪些?

答：①非运维人员违规进入国家水站及采样区域，且接触监测设施和视频监控等辅助设施的。

②国家水站河流站点的采水口上游 1 000 m、下游 200 m 内或湖库站点 500 m 范围内，设置人工喷泉、曝气等增氧措施的；投放生物、化学药剂等，强行改变水体理化性质，导致采集水样异常的。见图 1-17。

（a）河道撒药

（b）曝气装置

图 1–17 严重人为干扰

③针对国家水站采水环境实施人为干扰，造成河流改道或断流，故意绕开站点采水口，导致站点失去污染监控作用的。

④其他破坏水质自动监测系统和违反《环境监测数据弄虚作假行为判定及处理办法》的情形。

3 有哪些情形导致环境质量监测数据失真，且属于涉嫌篡改环境质量监测数据的行为?

答：①未经主管部门批准，擅自停运、变更、增减环境监测点位或者故意改变环境监测点位属性的；

②采取人工遮挡、堵塞等方式，干扰采样口或周围局部环境的；

③破坏、损毁监测设备站房、通信线路、信息采集传输设备、视频设备、电力设备、空调、风机、采样泵、采样管线、监控仪器或仪表以及其他监测监控设施或辅助设施的；

④其他涉嫌篡改环境质量监测数据的行为。

4 发现监测断面存在“人为干扰”情形，报送时限是什么?

答：①运维机构或检查机构发现涉嫌一般人为干扰环境质量监测数据的情况，应在24小时内以电子版形式向总站报告，48小时内报送加盖公章的正式函件；

②运维机构或检查机构发现涉嫌严重人为干扰环境质量监测数据或涉嫌篡改环境质量监测数据的情况，应在发现后12小时内以电子版形式向总站报告，24小时内报送加盖公章的正式函件。

5 采水口区域附近发现有垂钓、游泳、船只停靠等情况，但未接触监测设施该如何处理?

答：非运维人员违规进入国家水站站房及采样区域（未设置栅栏的，采样区域以距离采样器20 m为界）但未接触监测设施的行为属于一般干扰监测行为，运维人员需立即劝离，同时取证编制报告向总站上报。

6 当运维人员发现人为干扰监测时，运维人员该如何上报?上报的具体流程有哪些步骤?

答：①发现人为干扰后，第一时间到现场采集证据并拍照留存，现场检测标准样品验证仪器的准确性并进行记录；

②提交异常报告上报公司审核盖章后提交至第三方审核，抄送总站备案，配合做好相关应急监测工作。

第五章

星级评价

1 国家生态环境监测网第三方运维机构服务质量星级评价包含哪些内容?

答：评价内容包括运维服务绩效评价及服务质量考核评价。评价指标以考核运维服务工作时效、完成质量、响应速度、信息安全等内容为主，综合考察运维机构团队素质、廉洁建设、持证上岗等情况，客观体现第三方运维机构服务质量。

2 国家生态环境监测网第三方运维机构服务质量星级评价采用什么方式进行?

答：国家生态环境监测网第三方运维机构服务质量星级评价采用“运维绩效分类评价、负面清单划定红线”的方式进行。

3 第三方运维机构存在哪些情形将会被直接取消其参评资格或撤销星级?

答：①运维机构或运维机构员工因生态环境监测数据弄虚作假，受到行政或者刑事处罚的；

②运维机构受到省级以上生态环境主管部门其他行政处罚，情节严重的；

③运维机构被“信用中国”列入“失信黑名单”的；

④运维机构被列入政府采购严重违法失信行为记录，在禁入期限内的；

⑤运维机构被行政主管部门认定在投标、合同履约、荣誉申报、提供环保

产品与服务等活动中有失信行为，或被其他行政主管部门要求实行联合失信惩戒的；

⑥运维机构违反“廉洁履约承诺书”，受到刑事或者行政处罚的；

⑦运维机构存在其他违法违规情形的。

4 国家生态环境监测网第三方运维机构服务质量星级评价是如何分级的?

答：①国家生态环境监测网第三方运维机构服务质量星级评价等级从高到低，分为★★★★★（五星）、★★★★（四星）、★★★（三星）3 个等级。

②国家生态环境监测网第三方运维机构服务质量星级评价基准分为 100 分，按照以下规则确定运维单位评价等级。★★★★★级：服务质量评分＞ 90 分，服务质量优；★★★★级：80 分＜服务质量评分≤ 90 分，服务质量良；★★★级：70 分＜服务质量评分≤ 80 分，服务质量中。

③服务质量评分 70 分及以下的不予评定星级，进行提醒约谈。

DI-ER PIAN
JISHU PIAN

第二篇　技术篇

一般来说，我们可以将技术的本质理解为人类在利用自然、改造自然的劳动过程中所掌握的各种活动方式、手段和方法的总和。

自动监测技术是未来环境监测发展的主要方向。从国家层面，我国已经建立起自动监测为主、手工监测为辅的国家地表水环境质量监测网络，实现了“国家监测、国家考核、数据共享”的目标。

目前，国家地表水自动监测网形成了包含点位选址、站房建设、仪器选型、安装与验收、运行维护、质量控制、数据传输及审核应用等在内的全过程的、完备的技术体系，为国控水站标准化建设与规范化运维提供了有力的技术支撑，也为各级各类地方水站建设与运行提供了好的范本与借鉴。

本篇中的问题涉及国控水站的站房建设到数据应用的全过程。针对有关问题，编者给予了简明、准确的解答，希望能在运维人员心中播下一颗技术的种子，使大家在学习技术、应用技术与推动技术发展等方面有所裨益。

第六章

安装验收

1 水站的系统由哪几部分组成?

答: 固定式、简易式、小型式水站由监测站房、采水单元、配水单元、分析单元、质控单元、留样单元、控制单元和辅助单元等组成，见图 2-1。

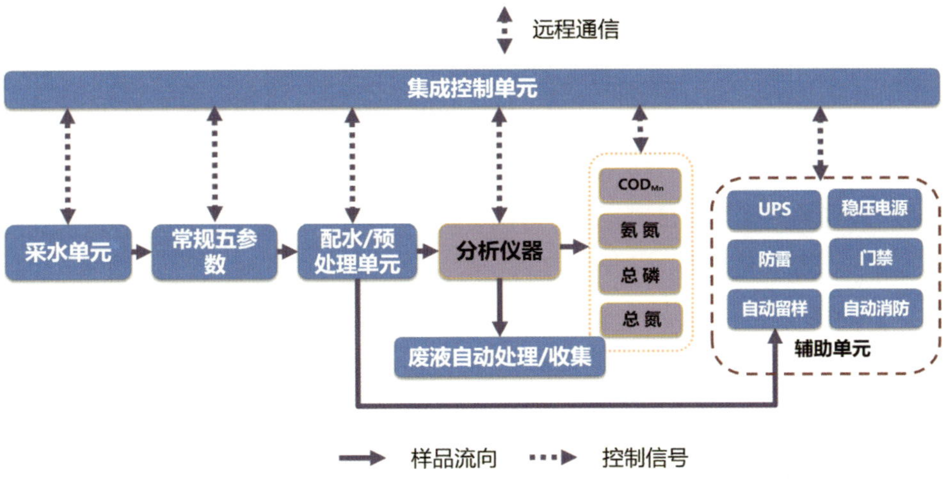

图 2-1 水站系统组成

2 站房“四通一平”指的是什么?

答:“四通”指通电、通水、通网、通路;“一平”指地基、院落或场地平整。

3 水站安装后，系统调试有哪些要求？

答：①设定系统运行周期（常规五参数、叶绿素 a、蓝绿藻密度 1 小时 / 次，其他监测项目按 4 小时 / 次测试，并进行加密监测测试）；

②同时以 24 小时为周期进行零点核查 / 漂移测试、跨度核查 / 漂移测试；设定加标回收率自动测定周期；进行完整流程调试，包括采水、预处理、配水、自动分析检测、质控检测、管路清洗、数据采集传输等流程；进行水站系统全流程自动测试，验证系统是否正常运行，质控测试是否满足《地表水水质自动监测站运行维护技术要求（试行）》中的要求。

4 水站安装准备工作有哪些？

答：承建单位进行设备安装前应做以下准备工作：

①确定测量仪器间隔尺寸，勘察采水方式；

②按照安装操作手册和现场实际情况，制定施工方案，建立施工档案；

③根据供货合同清单，复核货物及安装工具是否完备，如安装浮船站，需准备专用吊具及牵引船只。

5 固定式、简易式、小型式水站现场安装的注意事项有哪些？

答：①机柜布局按照配水方向，分析仪器摆放顺序应依次为常规五参数、氨氮、高锰酸盐指数、总磷、总氮自动分析仪及其他设备；

②应预留扩展参数的安装与接入空间；

③柜体应放置于平整坚实地面，避免设备在运行过程中产生较大震动；

④小型站应做好墩基设计与建设工作，保证不影响进样和排水；

⑤柜体与仪器不应有电位差，机柜间不应有电位差，应就近接入等电位接地网；

⑥柜体内部按照水电隔离原则进行布置，做到标识明确、布线美观；

⑦柜体或支撑架与各仪器的连接及固定部位应受力均匀、连接可靠，必要时采取减振措施。

6 浮船站现场安装的要求有哪些?

答：①安装前应对浮柱、防撞装置、踏板等外围组件进行组装，浮柱、防撞装置等船体组件应紧固安装，保证浮船可抵御8级大风；

②浮船站吊装前应检查船体组件安装是否牢固，吊具与船体的连接是否可靠，确保吊装工作安全进行；

③浮船牵引操作应符合行船安全要求，保证浮船平稳、安全抵达监测点位；

④根据现场水深、流向等水文条件选择合适的锚定方式；锚体应选择防腐蚀、耐磨损材料，锚链应保证足够的强度，锚链长度应为最大水深的1.2～1.5倍。

7 水站管路连接的要求有哪些?

答：①集成管路连接应做到水电分离、标识清晰、流向明确、设计合理、便于维护；

②采水管路的管径、水压和水量应满足水站正常运行的要求；

③管路应选择化学稳定性好、不会改变水样代表性的材质，应有足够的强度；

④预处理系统必须严格执行相关技术规范，结合在线监测仪器对水样的要求，在不改变水样代表性的前提下，可采用沉淀、过滤、匀化等预处理方式；

⑤当水体浊度较大，不能满足仪器测量要求时，预处理单元可切换至旁路系统，旁路系统不应改变水样代表性；

⑥管路应布设整齐，连接可靠，安装高度利于排空；

⑦管路上的配套部件应易于拆卸和清洗；

⑧主管路采用串联方式，采用无阻拦式过滤装置；仪器之间的管路采用并联方式，每台仪器配备各自的水样杯，其中任何仪器的配水管路出现故障不能影响其他仪器的测试；

⑨站房内原水管路应设置人工取样口；

⑩管道的配水管线铺设要科学合理，便于检修，进水管、配水管、清洗管、排水管应用明显标识进行区分。

8 集成配套设备安装的要求有哪些?

答：①应安装电力稳压设备，保障系统供电稳定（浮船站除外）；

②应安装不间断电源设备，断电后至少能保证仪器完成一个测量周期和数据上传，且待机不少于 1 小时（浮船站除外）；

③应能够将清洁水或压缩空气送至采样头，消除采样头单向输水形成的淤积，防止藻类生长聚集和泥沙沉积（浮船站除外）；

④管路中阀门等部件应安装在便于检修、观察和不易受机械损坏的位置。

集成配套设备 UPS 和稳压器见图 2-2。

图 2-2 集成配套设备 UPS 和稳压器

9 水站分析仪器安装有哪些要求?

答：①常规五参数应原水测量，不进行任何预处理；

②氨氮、高锰酸盐指数、总磷、总氮及其他仪器取样管至取样杯之间的管路长度不应超过 2m；

③自动分析仪器工作所需的高压气体钢瓶，应有固定支架，防止钢瓶倒落；

④仪器易产生高温、强辐射等的部件或装有强腐蚀性液体的装置，应有警示标识；

⑤仪器应安装通信防雷模块。

10 水站辅助设施安装有哪些具体要求?

答：①自动灭火装置安装应牢固且朝向仪器方向，灭火范围应有效覆盖所有分析设备（浮船站除外），见图 2-3；

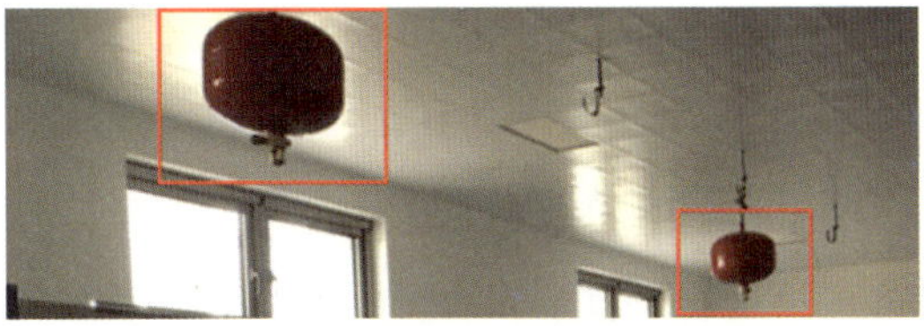

图 2-3 水站自动消防设施

②留样器可根据设置条件进行自动留样，留样后自动密封（浮船站除外），见图 2-4；

③视频监控设备应安装在合适的位置，可监视设备的整体运行情况，观察取水单元工作状况，水位、流向等水文情况，同时也可观察水站院落、站房、供电线路等周边环境，并能够远程查看视频图像信息，见图 2-4；

自动留样器　　视频装置

图 2-4 水站自动留样器和视频装置

④安装站房门禁系统，见图 2-5，可自动记录站房出入情况并上传平台。

图 2-5 水站门禁装置

11 水站仪器应具备哪些基本功能?

答：①氨氮、高锰酸盐指数、总磷、总氮自动分析仪应具有自动标样核查、空白校准、标样校准等功能；

②仪器应具有量程切换功能；

③仪器应具有异常信息记录、上传功能，包括部件故障、超标报警、缺试剂报警等功能；

④仪器应具有过程日志记录功能；

⑤仪器应有 RS-232/485、TCP/IP 等标准通信接口；

⑥仪器应具有 1 小时 1 次的监测能力。

12 采配水单元调试有哪些具体要求?

答：①采配水应满足 1 小时为周期的运行要求；

②通过控制单元依次操作各单元，检查采水泵、增压泵、空压机、除藻单元、液位计、各阀门、液位开关、压力开关、匀化装置等部件工作状态是否正常（浮船站除外）；

③执行采配水分步流程，检查采配水管路有无漏液，五参数检测池、预处理水箱等排水是否彻底，有无残留（浮船站除外）；

④执行清洗流程，检查自动反清（吹）洗功能是否正常，检查清洗管路有无漏液（浮船站除外）。

13 水站辅助设备调试的要求有哪些?

答：①检查废液收集或废液自动处理装置是否满足要求。

②检查站内安防、温湿度传感器等是否正常；按要求进行视频监控设备操作，检查图像是否清晰，检查视频焦距调整功能是否正常，视频存储功能是否正常。

③检查站内稳压电源、不间断电源等设备运行是否正常（浮船站除外）。

④进行异常留样功能测试，验证自动留样器工作是否正常，检查留样完毕后能否进行自动密封（浮船站除外）。

⑤检查浮船站非法接近报警、开舱报警、水浸报警、高温报警、GPS 定位

等功能是否正常。

14 联网调试的要求有哪些?

答：①设置控制单元与平台通信参数，检查通信是否正常，检查仪器、控制单元及平台的数据及相关信息是否一致，并按照国家地表水自动监测系统通信协议技术要求进行调试，做好记录；

②检查水站分析仪器数据是否可实时、准确上传至平台，数据采集时间、数据标识是否正确；

③检查水站运行状态及仪器关键参数信息是否实时、准确上传至平台；

④验证数据管理平台与水站分析仪器的各项远程控制指令，包括仪器远程参数设置、远程质控、远程启动测量、远程调阅设备运行日志等；

⑤检查水站视频是否可以远程查看，视频图像是否清晰。

15 水站系统调试后关键参数如何建档?

答：系统调试完毕后，应完整记录系统集成及仪器的关键参数（包括工作曲线斜率和截距、线性相关系数、消解温度及时间、显色温度及时间），保证与上传至平台的信息保持一致，按照要求进行记录，同时做好存档。

16 水站试运行技术要求有哪些相关规定?

答：①联网调试完成后系统进入试运行阶段，试运行应连续运行 30 天；

②试运行开始前应制订维护方案和质控计划；

③试运行期间维护及质控测试应按照《地表水水质自动监测站运行维护技术要求（试行）》中质控措施技术要求开展；

④试运行期间质控测试结果按照《地表水水质自动监测站运行维护技术要求（试行）》中的要求进行评价；

⑤试运行期间数据有效率评价参考《地表水水质自动监测站运行维护技术要求（试行）》中的相关要求，水站每个监测项目的数据有效率不小于 80%，试运行期间当出现数据有效率无法达标时应重新开展试运行工作；

⑥试运行期间因电力系统、采水系统等外界因素造成试运行期间系统故障，系统恢复正常后顺延相应的试运行时间；因系统自身故障造成运行中断，系统恢复正常后重新开始试运行；

⑦试运行期间应做好系统故障统计、试剂及标准溶液更换记录、易耗品更换记录等工作；

⑧试运行期间监测数据应上传至平台；

⑨编制系统试运行报告。

17 水站安装验收时，实际水样比对有哪些基本技术要求?

答：开展实际水样比对，自动监测系统采样时，进行人工采样或通过自动留样方式进行采样， 连续进行 6 次，按照规定的分析方法进行实验室手工分析，计算自动监测的结果相对于实验室手工分析结果的误差，自动监测仪器与实验室分析结果组成一个数据对，比对结果应满足实际水样比对技术要求，6 组数据对中合格率应不小于 80%，见表 2-1。

表 2-1 实际水样比对要求

项目	实际水样比对要求	
pH	±0.5	
水温	±0.5 ℃	
溶解氧	±0.8 mg/L；溶解氧过饱和时不考核	
电导率	电导率＞ 100μS/cm	±10%
	电导率≤ 100μS/cm	±10μS/cm
浊度	浊度≤ 30NTU；浊度≥ 1 000NTU	不考核
	30NTU ＜浊度≤ 50NTU	±30%
	50NTU ＜浊度＜ 1 000 NTU	±20%
氨氮	①	
高锰酸盐指数		
总磷		
总氮		

项目	实际水样比对要求
注：①当 $C_x > B_{IV}$，水样比对的相对误差在 ±20% 以内；当 $B_{II} < C_x \leqslant B_{IV}$，水样比对的相对误差在 ±30% 以内；当 $C_x \leqslant B_{II}$，水样比对的相对误差在 ±40% 以内；当自动监测结果和实验室分析结果均≤ B_{II}时，认定比对实验结果合格。式中：C_x ——实验室分析结果；B ——GB 3838—2002 表 1 中相应的水质类别浓度标准限值。 总氮河流无水质类别标准，可参考湖库标准。	

第七章

站房及采排水

1 地表水水质自动监测站的含义是如何解释的?

答：指完成地表水水质自动监测的现场部分，一般由站房，采配水、控制、检测、数据采集和传输等全部或者数个单元组成，简称水站，水站运行过程见图2-6。

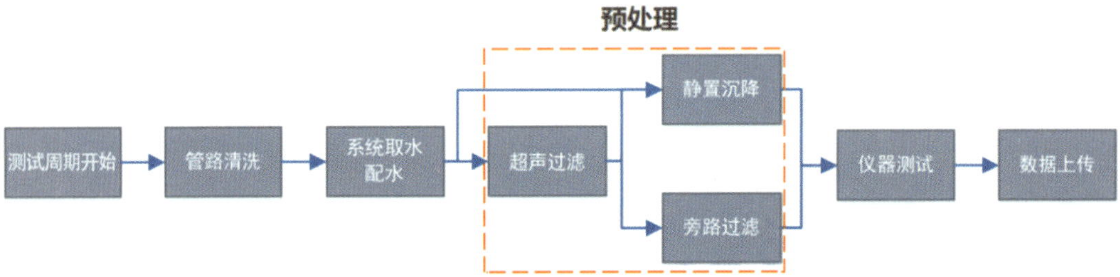

图 2-6 地表水水质自动监测站运行过程

2 固定式水质自动监测站指的是什么?

答：指自动监测站站房内部有完善的仪器室、质控室以及值班室等功能区的水站，一般为砖混结构，简称固定式水站，其站房见图2-7。

图 2-7 固定式水质自动监测站站房

3 简易式水质自动监测站指的是什么?

答：指自动监测站站房内部只有仪器室和质控室两个功能区，或将仪器室和质控室合并建设的水站，简称简易式水站，其站房见图 2-8。

图 2-8 简易式水质自动监测站站房

4 小型式水质自动监测站指的是什么?

答：指将一套地表水水质自动监测系统直接集成于一台控制柜或金属箱体中，可直接安装于现场，无须另外建设站房的水站。其柜体一般由外箱体、内部金工件及附件装配组成，人员无法直接进入内部维护，简称小型式水站，其站房见图 2-9。

图 2-9 小型式水质自动监测站站房

5 水上固定平台站指的是什么?

答：指建设在水上，利用砖混或者钢结构搭建平台，能在上面安装一套地表水水质在线监测系统的建筑物，站房模型见图 2-10。

图 2-10 水上固定平台站房模型

6 水站类型的选择有哪些规定?

答：①优先选择固定式水站，水站站址能满足站房建设面积要求的，优先采用单层站房结构；

②水站站址存在洪涝隐患的情况下，优先采用双层站房结构，仪器室宜布置在二楼；

③水站站址受建设条件影响时，如地基不稳固、受当地管理规定限制、河道影响等，采用简易式水站；

④水站站址受建设条件制约，如景区、城区、管制区具体面积等制约，可采用小型式水站；

⑤ 水站站址根据建设要求须选定在河、湖（库）中且水深在 10m 以内的，采用水上固定平台站；

⑥在湖（库）中进行水站建设无法满足供电要求时，可采用浮船式水站；

⑦国界监测断面水站必须为固定式水站；

⑧水站站房外观和风格应统一，且具有生态环境部门统一标识。

7 水站站房辅助设施有哪些基本要求?

答：①站房应包括用于承载系统仪器和设备的主体建筑物和外部配套设施两部分。

②主体建筑物由仪器室、质控室和值班室（在满足功能需求的前提下，可根据站房实际条件对各室进行调整合并）组成。

③外部配套设施包括引入清洁水、通电、通信、通路以及周边土地的平整和绿化等设施。

④对于固定式和简易式水站，应有硬化道路，路宽不小于 3.0m，且与干线公路相通。站房前应留有适量空地，保证车辆的停放和物资的运输。

⑤固定式水站应采用独立地基，基础持力层为老土层，要求地基承载力特征值为 180kPa，地面粗糙度为 B 类。简易式和小型式水站应采用混凝土预先浇注地基，厚度不低于 30cm。遇软弱地基时应做相应的地基处理。

⑥站房外地面要求平整，周围应干净整洁，有利于排水，并有适当绿化，应有防鼠、防虫措施。在站房外须设置围墙、护拦、护网或防护栅栏，设置门锁和相关警示标识。

站房仪器室、质控室、防护栅栏和硬化道路展示见图 2-11。

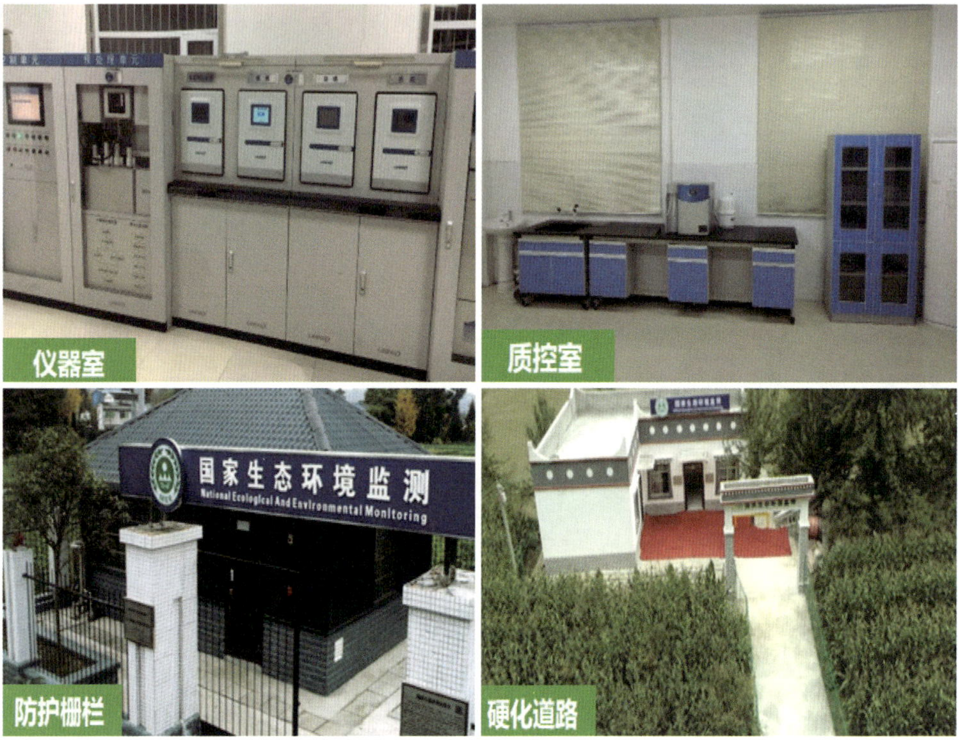

图 2-11 站房仪器室、质控室、防护栅栏和硬化道路展示

8 水站站房供电要求有哪些规定?

答：①供电负荷等级和供电要求应按现行《供配电系统设计规范》（GB 50052—2009）的规定执行。

②水站供电电源使用 380V 交流电、三相四线制、频率 50Hz，电源容量要按照站房全部用电设备实际用量的 1.5 倍计算。

③电源线引入方式符合国家相关标准，穿墙时采用穿墙管。施工参考《建筑电气工程施工质量验收规范》（GB 50303—2015）。

④应为水质自动监测系统配置专用动力配电箱。在总配电箱处进行重复接地，确保零、地线分开，其间相位差为 0，并在此安装电源防雷装置。

⑤在 380V 供电条件下，根据仪器与设备的用电情况，总配电箱采取分相供电：一相用于照明、空调及其他生活用电（220V），一相为仪器系统用电（220V），

另外一相为水泵供电（220V）。同时在站房配电箱内保留至少 1 个三相（380V）和单相（220V）电源接线端备用。

⑥应配备 UPS 和三相稳压电源，容量应保证突然断电后系统能继续完成本次测量周期工作。

⑦所有动力电缆和控制电缆应具备屏蔽功能，分开铺设，以免产生电磁干扰。

⑧浮船式水站供电可采用风力或太阳能供电，配备电能存储装置，电源容量应大于全部耗电设备实际用量的 1.5 倍以上。

9 站房给水有哪些具体要求？

答：①站房应根据仪器、设备、生活等对水质、水压和水量的要求分别设置给水系统。

②站房内应引入自来水（或井水），供水水量瞬时最大流量 $3m^3/h$，压力不小于 0.05MPa。自来水应引入质控室实验台，方便洗涤。

10 站房通信有哪些要求？

答：①固定式水站网络通信建设应以光纤 /ADSL 有线网络传输为主，现场条件不具备的情况下，可选用无线网络进行传输；

②通信方式应选择至少两家通信运营商，无线传输网络（固定 IP 优先）应满足数据传输要求及视频远程查看要求，传输带宽不小于 20M；

③水上固定平台及浮船式水站通信在没有运营商网络覆盖的情况下，可采用微波中继等辅助传输方式。

11 什么叫防雷装置？水站防雷应包括哪三级防雷？防雷设备是否需要定期检测，检测周期为多少？

答：①防雷装置是由接闪器、引下线、接地装置、电涌保护器及其连接导体等构成的，用以防御雷电灾害的设施或者系统，见图 2-12。

②水站一般为三级防雷，主要包括仪器端、系统集成端和站房。其中，仪器端为网络通信、供电接地；系统集成端为外接电源、采水泵、强电线路、控

制器、空开接地；站房为外接强电输入端接地。站房建设单独避雷系统，站房构造金属材料接地等。

③防雷装置需要定期检测，依据《防雷减灾管理办法》第十九条，投入使用后的防雷装置实行定期检测制度。防雷装置检测应当每年 1 次，对爆炸和火灾危险环境场所的防雷装置应当每半年检测 1 次。

图 2-12 站房防雷装置

12 水站站房防雷有哪些规定?

答：①站房防雷系统应符合现行《建筑物防雷设计规范》（GB 50057—2010）的规定，并应由具有相关资质的单位进行设计、施工以及验收。

②站房直击雷防护要求。站房应设计专门的防雷装置，包含接闪器、避雷带、引下线、接地干线及接地体装置。防雷设计符合《建筑物防雷设计规范》（GB 50057—2010）的规定，接地电阻值符合要求。

③电源系统防雷要求。在总电源配电箱中应配备避雷器或浪涌保护器，防止雷击产生的大电流损坏设备。避雷器、浪涌保护器、电缆金属外皮应可靠接地，其冲击接地电阻值不大于 30Ω。

④通信系统防雷要求。对于卫星通信系统，应在馈线电缆进入站房时安装同轴馈线保护器；对于电话线系统，应采用电话线路防雷保护器。利用铜质线缆的数据信号专线，在设备的接口处应加装信号专线电涌保护器。

⑤接地系统。站房内电源保护接地与建筑物防雷保护接地之间要加装等电位均衡器，设置等电位公共接地环网，使需要有保护接地的各类设备和线路做到就近接地。

水站站房防雷示意图和防雷装置见图 2-13。

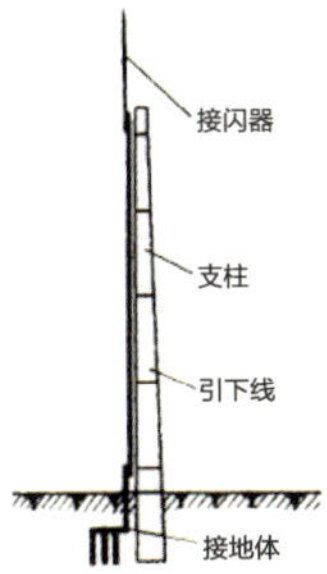

防雷装置示意图

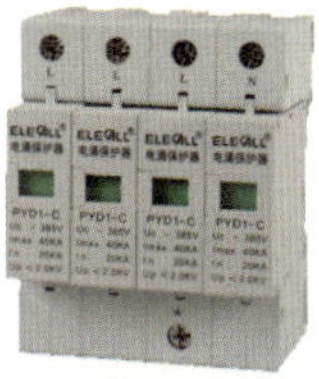

浪涌保护器

馈线保护器

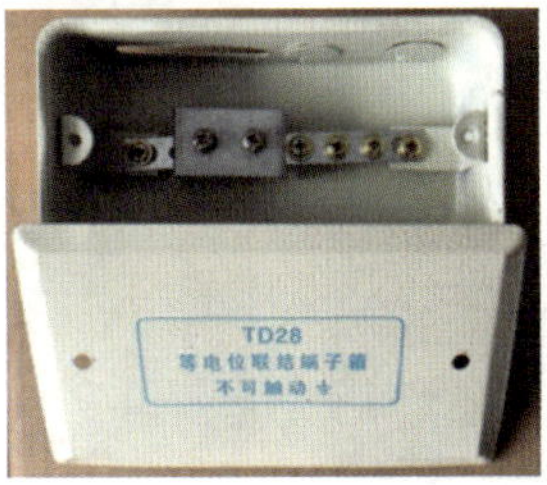

等电位均衡器

图 2-13 水站站房防雷示意图和防雷装置

13 站房安全防护要求有哪些规定?

答：①站房耐火等级应符合现行《建筑设计防火规范》（GB 50016—2014）的规定。

②站房与其他建筑物合建时，应单独设置防火区、隔离区。

③站房应设火灾自动报警及自动灭火装置；火灾自动报警系统的设计应符合《火灾自动报警系统设计规范》（GB 50116—2013）的规定；配置的自动灭火装置应具有国家强制性产品认证证书。

④站房内应至少配置感烟探测器，宜采用感烟与感温两种探测器组合。

⑤站房内具有防火性能要求的建筑构件、建筑材料及装修材料应符合相应的国家标准或行业标准。

⑥站房应设置防盗措施，门窗加装防盗网和红外报警系统并设置门禁装置。

⑦站房应满足水站所在地抗震设计要求。

⑧水上固定平台及浮船式水站须配备相应的警示标志，防止非相关人员登陆或靠泊。有行船的水域须配备符合海事规范要求的有独立太阳能供电的航标灯。

⑨水上固定平台的钢结构、围栏及防护栏杆等须采用抗紫外老化、抗锈蚀的材质。金属材质表面应采取热镀锌或刷防锈漆等防锈措施。

水站安全防护装置见图 2-14。

航标灯

门禁与防盗网

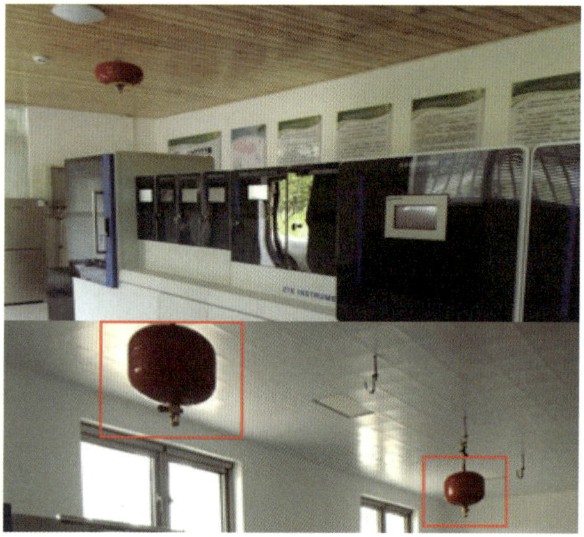

悬挂式自动干粉灭火器

图 2-14 水站安全防护装置（航标灯、门禁、防盗网和灭火装置等）

14 水站站房暖通要求有哪些?

答：①站房结构需采取必要的保温措施；

②站房内应有空调和冬季采暖设备，室内温度应当保持在 18 ～ 28℃，湿度在 60% 以内，空调功率满足温度要求，具备来电自启功能，并根据温度要求自动运行。在北方寒冷地区应配备电暖气等单独供暖设备，保障室内设备的正常工作，见图 2-15。

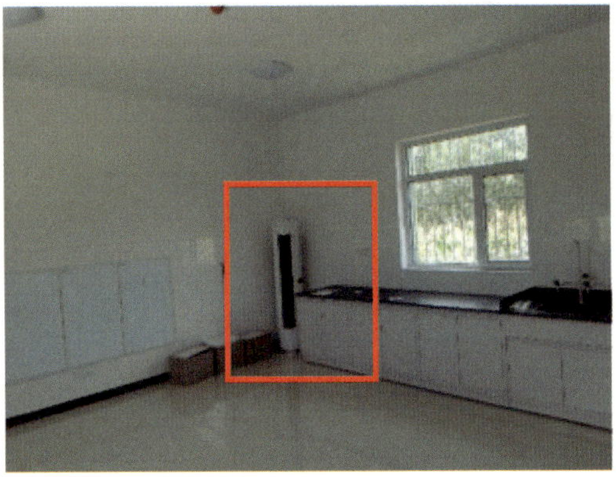

立式空调

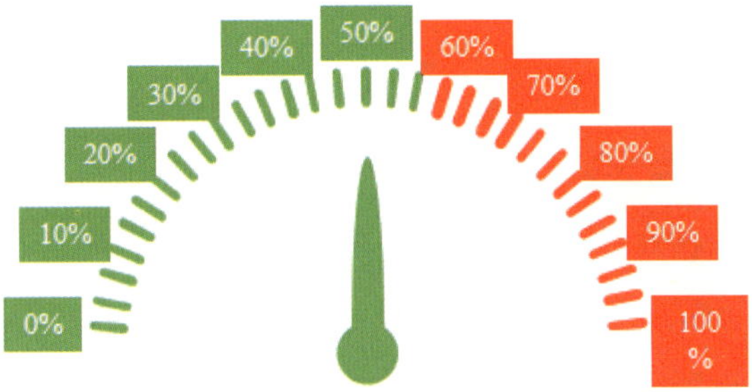

图 2–15 水站暖通设施（控温和控湿）

15 水站采水点位设置有哪些具体要求?

答：①采水点位一般选择在水质分布均匀、流速稳定的平直河段，距上游入河口或排污口的距离不少于 1km；

②采水点水质与该断面平均水质的误差不得大于10%，在不影响航道运行的前提下采水点尽量靠近主航道；

③取水口位置一般应设在河流凸岸（冲刷岸），不能设在河流（湖库）的漫滩处，避开湍流和容易造成淤积的部位，丰、枯水期离河岸的距离不得小于10m；

④河流取水口不能设在死水区、缓流区、回流区；

⑤取水点与站房的距离一般不应超出300m，枯水期不超过350m，确因客观条件无法达到的，可根据实际情况进行调整，尽量缩短采水管路的距离，减少因采水管路过长对水样检测结果的影响；

⑥枯水季节采水点一般水深不小于1m，采水点最大流速一般低于3m/s。

16 水站采水设备或设施有哪些具体的技术要求?

答：①采水单元应结合现场水文、地质条件确定合适的采水方式，符合《地表水和污水监测技术规范》(HJ/T 91—2002)，保证运行的稳定性、水样的代表性、维护的方便性；

②采水单元一般包括采水构筑物、采水泵、采水管道、清洗配套装置、防堵塞装置和保温配套装置；

③采样装置的吸水口应设在水下0.5～1m，并能够随水位变化适时调整位置，同时与水体底部保持足够的距离，防止底质淤泥对采样水质的影响；

④采水系统应具备双泵/双管路轮换功能，配置双泵/双管路采水，一用一备，可进行自动或手动切换，满足实时不间断监测的要求；

⑤采水管道应设置防冻保温措施，以减少环境温度等因素对水样造成影响；

⑥采水管道材质应有足够的强度，具有良好的化学稳定性，不与水样中被测物产生物理和化学反应；

⑦采水管道应具有防意外堵塞和泥沙沉积后方便清洗功能，管路应易于拆卸和清洗；

⑧采水管道应有除藻和反清洗设备，可以通入清洗水进行自动反冲洗；

⑨采水单元采集的样品应能保证水样代表性，集成干预核查应符合要求。

17 站房排水设置有哪些技术要求?

答：①站房的总排水必须排入水站采水点的下游，排水点与采水点间的距离应不小于 20m；

②试剂及废水按照危险废物管理要求，单独收集、存放和储运，并统一处置；

③排水总管直径不小于 DN150，并设置防冻措施；

④站房生活污水纳入城市污水管网送污水处理厂处理，或经污水处理设施处理达标后排放，排放点应设在采水点下游；

⑤特殊区域因地理环境等因素不能直排的可建设防渗漏深井。

18 请列举不同采水方式，并就其适宜的使用场景进行说明。

答：水站不同采水方式见图 2-16，适用场合见表 2-2。

图 2-16 水站不同采水方式

表 2-2 水站不同采水方式适用场合

类型	采水方式	适用场合
1	栈桥式	使用场合技术指标：水位变化小于 20 m，水深 1 ～ 8 m，水流速小于 2.0 m/s，河床宽度小于 5 m 的监测断面
2	浮筒 / 船 / 浮标式	可适用于水流急、浅滩长、水位有一定变化的湖库、河道支流等监测断面
3	悬臂式	地形比较复杂不便于使用固定式桥或者避免河道整治的而临时的取水方案，一般适用于河岸陡峭、水流较急、漂浮物多、水位有一定变化的河道监测断面
4	浮桥式	湖库等水流缓慢的监测断面
5	拉索式	需要对河道监测断面的多点位监测，且河道不可太宽，航行船只少

19 国控水站采水设施损坏，短期无法修复时，建设临时性采水设施有哪些要求?

答：①国控水站采水设施损坏，由地方生态环境主管部门及时对采水设施进行修复或改造，运维机构应对修复或改造后的采水设施按《地表水水质自动监测站安装验收技术要求（试行）》进行验收，符合相关要求后方可投入使用；

②若短时间内无法修复采水设施，由地方生态环境主管部门建设临时性采水设施保障水站运行，运维机构应及时将采水方式、方法向总站报备；

③地方生态环境主管部门未能及时修复采水设施或建设临时性采水设施，鼓励运维机构采取符合规范的采水方式，保障监测数据的连续性，并将临时采水方式、方法向总站报备。

20 站房等基础设施保养检修工作是如何开展的?

答：①检查站房避雷设施情况，避雷设施应根据情况进行防锈处理，每年进行一次防雷检测；

②检查站房屋顶防水情况，根据实际情况进行防水修缮；

③检查站房主体结构情况；

④检查站房仪器间排水槽情况；

⑤检查水塔工作运行情况，并对水泵进行养护或者更换；

⑥做好保养检修工作记录，重要的工作内容拍照留档。

21 国控站点视频监控的意义及具体要求有哪些?

答：视频监控是保证采水设施安全运行的重要防护手段，同样也是监测点位受到“人为干扰”后的确凿证据，运维人员应定期对视频录像进行回看，同时加大视频监控设施的维护力度。

具体要求：

①确保监测画面可以实时监控到采水设施及监测断面；

②确保视频录像存储和回放功能正常，并满足技术规范相关要求；

③每周巡检时应注意对监控视频设施进行查看，并如实记录；

④发现视频设施故障时，应及时维修。

22 地方生态环境部门负责协调基础保障在哪些文件中有所体现，地方运维基础条件保障的主要内容有哪些?

答：按照生态环境部印发的《关于进一步做好空气和地表水自动监测站点运维和基础保障的通知》和关于《国家地表水水质自动监测站基础保障检查要求》的文件规定：各省级生态环境部门负责的本行政区内国控水站基础保障工作，主要包括站房主体及辅助设施，采样（采水）设施，安防设施，供水、电力和网络通信设施，防雷设施，周边环境等基础保障内容。定期处置废液，确保国控站点安全、稳定、合规运行。保障工作人员出入顺畅，排除人为干扰隐患。

23 如何开展水站供电系统维护和检查?

答：①对供电线路进行检查。

利用万用表测量火线与火线间、火线与零线间、零线与地线间电压，零线与地线间电阻及通断。

火线与火线电压范围：360～390V；电压波动范围：324～418V。火线与零线电压范围：210～230V；电压波动范围：208～242V。地线与零线电压范围：0V；零线与地线间电阻：大于50Ω，小于150Ω，见图2-17。

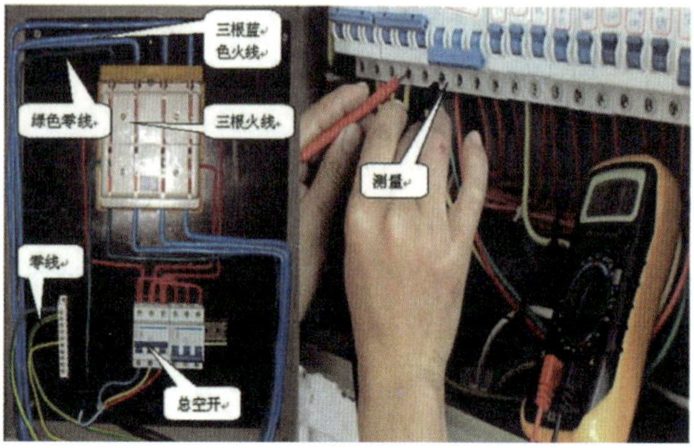

图 2-17 水站系统总配电检查

②对稳压电源进行维护检查。

检查电压及接地，利用万用表测量稳压电源输入和输出的火线与火线间、火线与零线间、零线与地线间电压，零线与地线间电阻及通断。

火线与火线电压范围：378 ～ 382V；电压波动范围：275 ～ 385V。火线与零线电压范围：218 ～ 222V；电压波动范围：215 ～ 225V。地线与零线电压范围：0V。零线与地线间电阻：大于 50Ω，小于 150Ω 水站稳压电源结构见图 2-18。

③检查其他

交流接触器是否能够正常闭合，碳刷与变压线圈是否接触良好。

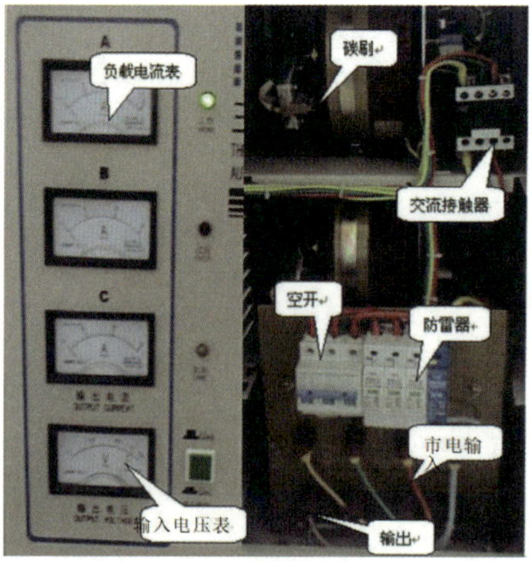

图 2-18 水站稳压电源结构

24 日常巡检中对采配水单元的检查包含哪些内容?

答：日常巡检中应检查采水浮筒固定情况，自吸泵、增压泵、空气泵等运行情况，手阀/电动阀工作情况等；需要时应清洗采配水单元，包括采水头、泵体、沉降池、过滤头、水样杯、阀门及相关管路等，对于无法清洗干净的应及时更换。

第八章

运行维护

第一节 运维人员

一、人员培训

1 国控水站运维人员应具备哪些基本条件?

答：国控水站运维人员的学历、专业背景、理论知识和实操能力应基本满足需求，且运维人员必须经过总站组织的技术能力培训，通过考核后持证上岗，并在总站备案。未取得培训合格证的运维人员，须在持证人员指导下工作，并在6个月内取得培训合格证，见图2-19。

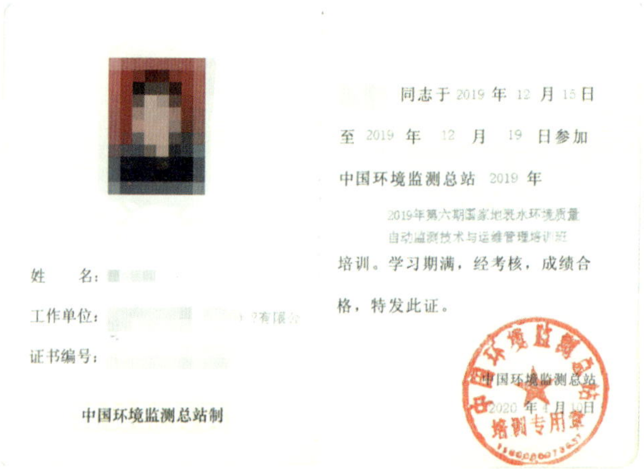

图 2-19 中国环境监测总站颁发的培训合格证书

2 哪些人员需要参加国家水站运维培训并取得相应的资质?

答：国控水站运维机构高级管理者、中层管理人员、运维人员、驻站人员需要参加培训并取得资质。从事地方水站运维或与其相关的从业机构有关人员可参考国控水站要求自愿参加培训。

高级管理者是指各运维机构的总经理、副总经理或同等职位人员。中层管理人员是指各包件项目负责人、技术负责人、质量负责人、片区负责人。运维人员是指负责国家水站一线运维工作的人员。驻站人员是指负责国家水站数据三级审核工作及总站交办的其他工作的人员。

3 运维机构管理层培训内容应涵盖哪些内容?

答：运维机构管理层培训内容应涵盖党政学习、政策解读、廉政教育、环保行业发展趋势、企业管理、质量管理、体系建设等，如：

①水质自动监测站溯源与规范管理体系建设；

②严守纪律规范，确保数据质量；

③地表水水质自动站“人为干扰”案例讲析；

④地表水水质监测与水质评价。

4 运维机构运维人员培训内容应涵盖哪些内容?

答：①基础知识普及：包括专业术语、环境监测等知识。如水质自动监测站溯源与规范管理体系建设；水质自动监测站建设条件和基础设施建设要求。

②检测仪器相关内容：包括检测仪器原理结构、检测仪器操作、常见故障排查。如五参数在线监测原理与操作，包括高锰酸盐指数自动分析仪器原理与应用探讨；氨氮在线分析仪器原理与性能探究；总磷、总氮在线监测仪器原理与操作；叶绿素、蓝绿藻密度在线监测仪器原理与操作。

③水站运维相关内容：包括运维流程、运维平台的使用、运维数据的统计分析、异常数据核查、异常报告编辑、试剂及标准物质配制等。如水质自动监测运维平台管理软件；国家地表水水质自动监测数据审核；地表水水质监测与水质评价。

④相关政策、标准、技术规范解读：包括国务院、生态环境部、中国环境监测总站等发布的相关政策、标准和技术规范等。如运维人员的技术素养和职业操守；地表水水质自动站“人为干扰”案例讲析；国家地表水水质自动监测站运行维护技术要求。

5 当自动监测水质异常时，运维人员如何对现场监测系统进行核实?

答：①确定现场仪器是否正常，做标液核查；

②现场进行集成干预检查；

③进行取水口检查并取水送实验室做分析；

④形成水质异常报告。

6 当自动监测水质超标时，运维人员如何对超标因子进行污染源溯源?

答：①确定现场仪器是否正常，做标液核查；

②沿取水口上下游 2km 进行加密采水测试；

③确定加密测试点位的位置，投放便携式仪表与站房同步测试对比；

④送水样至实验室分析超标因子；

⑤形成水质异常超标报告。

二、人员管理

1 值守人员是否可以进入国家水站站房内?

答：运维机构应明确值守人员的工作职责与内容，并向总站报备，值守人员可出入站房开展相应的工作，不可开展超出职责范围的工作。

2 国控水站在运维机构监测工作保密方面有哪些规定?

答：运维机构应遵守总站的相关保密规定，保证对在从事运维工作中获悉的与国控水站相关保密信息进行保密。运维机构对发现的人为干预、弄虚作假事件除第一时间报告总站外，应注意做好保密工作，不得以任何形式向第三方泄露。

3 什么是互联网群组?

答: 互联网群组指互联网用户通过互联网站、移动互联网应用程序等建立的，用于群体在线交流信息的网络空间。

4 什么是互联网群组信息服务提供者?

答: 互联网群组信息服务提供者是指提供互联网群组信息服务的平台。

5 是否可以在国家水站运维微信群内发布与传播法律法规和国家有关规定禁止的信息内容? 为什么?

答: 不可以，国家水站运维微信群属于互联网群组，互联网群组建立者、管理者应当履行群组管理责任。依据法律法规、用户协议和平台公约，规范群组网络行为和信息发布，构建文明有序的网络群体空间。互联网群组成员在参与群组信息交流时，应当遵守法律法规，文明互动、理性表达。互联网群组信息服务提供者和使用者不得利用互联网群组传播法律法规和国家有关规定禁止的信息内容。

6 定期远程检查的内容包括哪些?

答: 每日对水站运行条件及设备运行状况进行远程查看，具体工作内容如下:

①检查数据采集与传输状况，确认是否获取了水站全部检测仪器的监测数据和过程日志;

②根据检测仪器质控结果、过程日志判断检测仪器运行情况及数据的可靠性;

③对前一天监测数据有效性进行审核并对异常数据进行标记，形成监测数据审核日志;

④远程监视采水设施、水位以及站房内外情况，如发现异常，应及时上报;

⑤远程查看是否存在外来人员非法入侵行为;

⑥远程查看浮船站是否存在船体移位警告，如发现异常应及时上报;

⑦远程查看浮船站船体蓄电池电量，如电量过低应及时进行充电。

7 运维人员例行巡检的内容是什么?

答: ①检查采水点水体颜色、嗅味、漂浮物、水位变化及杂物情况，并及时进行清理。

②检查站房空调及保温措施，保持温度稳定；检查站房内水泵及空压机固定情况，避免造成设备振动影响正常运行；检查空压机、不间断电源（UPS）、除藻装置、纯水机等辅助设备运行状态，及时更换耗材。

③检查水站电路系统是否正常，接地线路是否可靠，检查采样和排水管路是否有漏液或堵塞现象。

④检查采配水单元是否正常，如采水浮筒固定情况，自吸泵、增压泵、空气泵等运行情况，手阀及电动阀工作情况等；需要时应清洗采配水单元，包括采水头、泵体、沉降池、过滤头、水样杯、阀门及相关管路等，对于无法清洗干净的采配水单元应及时更换。

⑤检查控制单元运行状态是否正常，工控机操作系统及软件有无中毒现象。

⑥检查上传至平台的数据与现场数据的一致性；检查检测仪器与控制单元的通信线路是否正常。

⑦查看水质监测仪器及辅助设备的运行状态，判断运行是否正常，检查有无漏液。

⑧检查试剂状况，判断是否需要添加或更换试剂。所用纯水和试剂须达到相关技术要求，试剂更换周期不得超过规定的保质期。

⑨应及时清除站房周围的杂草和积水。检查站房是否有漏水现象，检查防雷设施是否可靠，检查站房外围的其他设施是否有损坏或被水淹没。在封冻期来临前做好采水管路和站房保温等维护工作。

⑩整理站房及检测仪器，完成废液收集并按相关规定要求做好处置工作，并留档备查；保持站房及各检测仪器干净整洁，及时关闭门窗，避免日光直射仪器设备。

⑪检查浮船站船体是否发生较大位移，如存在较大位移时应重新进行锚定。

⑫检查浮船站供电是否正常。

⑬检查浮船站温度传感器、警示灯、舱室漏水报警设备、防雷装置等辅助单元的运行状态。

国家水质自动综合监管平台巡检维护界面见图 2-20。

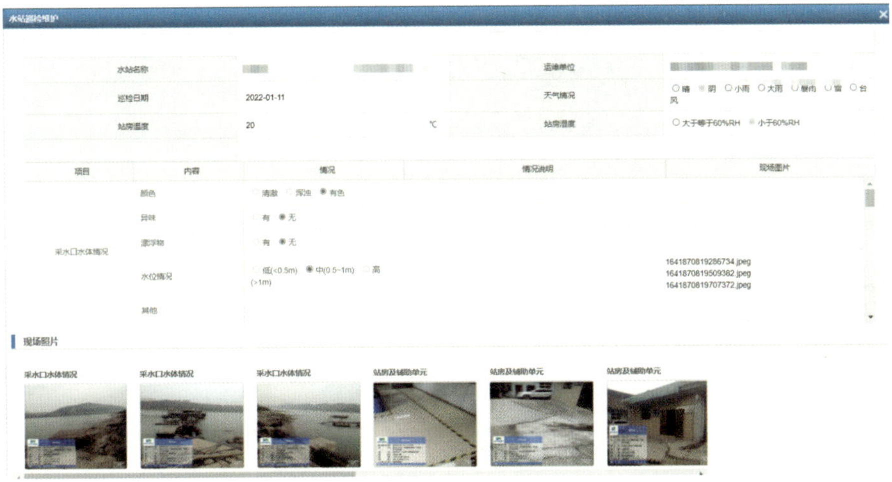

图 2-20 国家水质自动综合监管平台巡检维护界面

8 非运维人员因需要进入国控水站时，运维人员应做好哪些工作？

答：①非现场运维人员进站，需要首先向总站报备，填写“国家水质自动监测站访客申请表”并盖章（或者签字），“申请单位”为运维公司或地方监测站，得到总站回复后方可进站；

②现场运维人员及时在平台填报访客记录报备，应写明访客来访原因、时间、访客单位、人数等信息，并上传到访人员照片或现场访客记录表照片，见图 2-21。

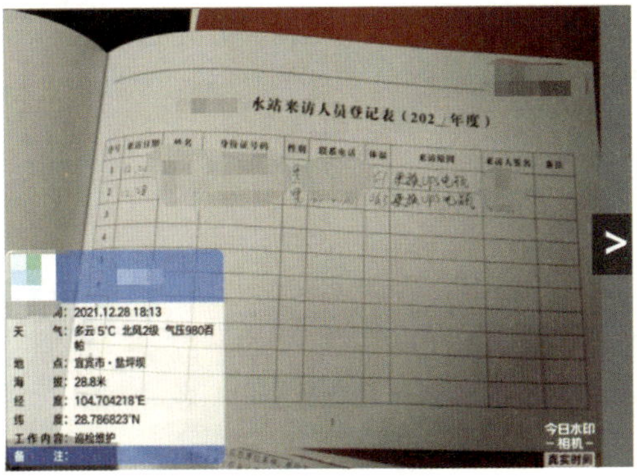

图 2-21 国家水质自动综合监管平台访客登记界面

三、平台填报

1 运维巡检平台填报的基本要求有哪些?

答：①每次巡检记录填报应上传维护照片，至少包括采水口、仪器间、站房外景和视频监控。维护的内容应用水印照片体现，例如工单上填写了清洗采样杯，应上传采样杯清洗前后照片，见图 2-22；

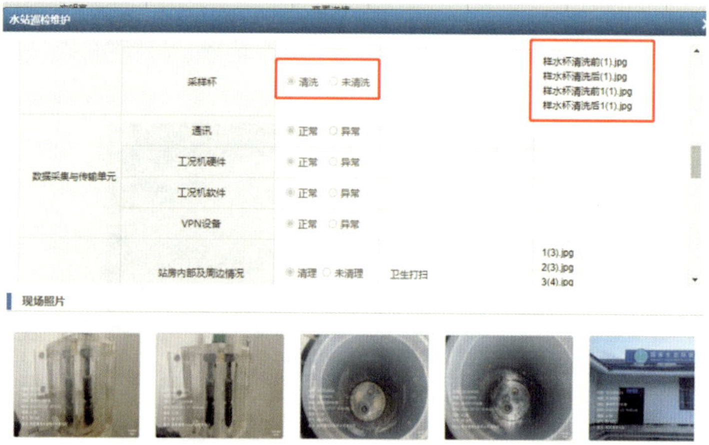

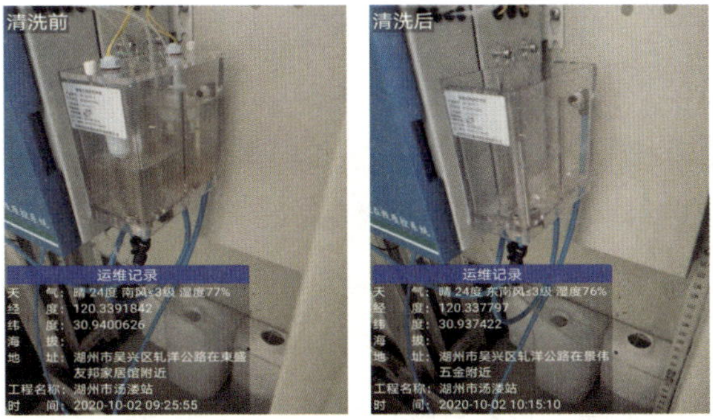

图 2-22 国家水质自动综合监管平台巡检维护清洗采样杯照片

②巡检记录应当天填报，若连续多天进行巡检维护，可以在巡检完成的当天统一填报，但不应超过巡检填报周期；

③每周（或每个质控周期）至少巡检一次（含完全停运的水站。不具备巡检条件的浮船站和无法补测的水站可采用视频巡检或降频巡检）；

④对平台填报选项未覆盖的工作内容和巡检发现的异常情况应进行文字描述，突发的特殊情况应及时向三级审核人员报备。

2 水站试剂更换时，平台填报的基本要求有哪些?

答：①试剂应在有效期内使用；

②试剂标签字迹应清晰，内容完整，需包括试剂名称、配制人、配制的时间、浓度和有效期等基本信息；

③试剂标签不应被覆盖；

④应上传试剂更换前后照片（同一张照片允许摆放多种试剂），见图 2-23；

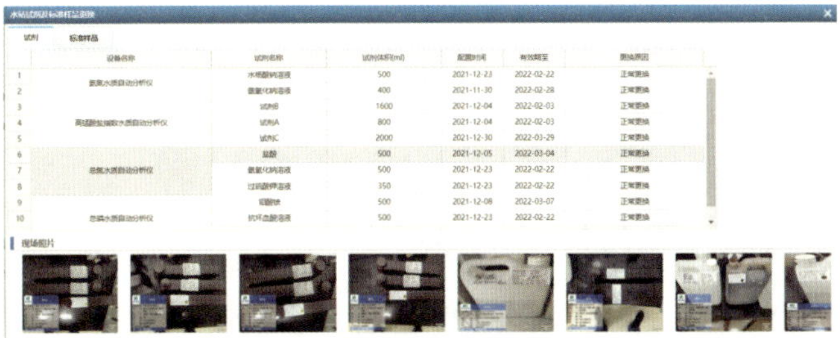

图 2-23 国家水质自动综合监管平台试剂更换工单

⑤更换试剂后必须进行校准并在平台填写校准记录。

3 水站耗材及备品备件更换，平台填报的基本要求有哪些?

答：①需要明确填写更换配件的名称、数量、时间、是否为关键部件及更换原因；

②更换配件后需上传新旧配件照片，见图 2-24；

③更换关键部件后需上传多点线性测试照片，必要时应开展实际水样比对，并尽快上传报告。

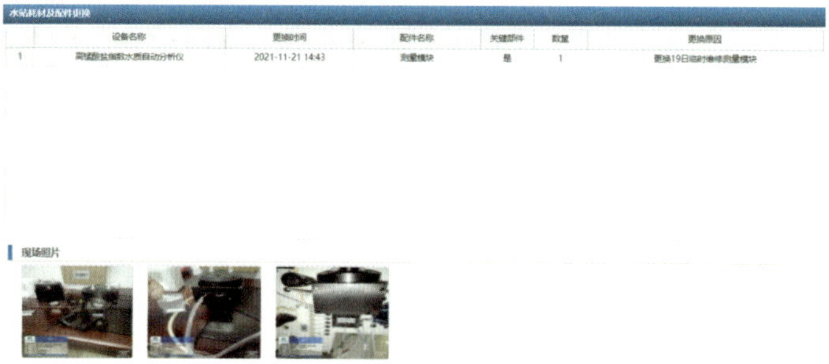

图 2-24 国家水质自动综合监管平台更换备品备件工单

4 水站废液处置，平台填报的基本要求有哪些?

答：①平台填报应记录废液收集或处置时间、方式、数量、经手人（运维人员）等信息；

②上传相关图片，图片应包括废液桶、工单等，见图 2-25。

图 2-25 国家水质自动综合监管平台废液处置工单

5 仪器校准时，平台填报的基本内容有哪些?

答：①仪器校准应填写操作人员、校准时间、校准参数、校准原因、标液浓度及其对应的信号值、校准后的斜率和线性相关系数；

②应上传仪器校准前后的关键参数照片，见图 2-26。

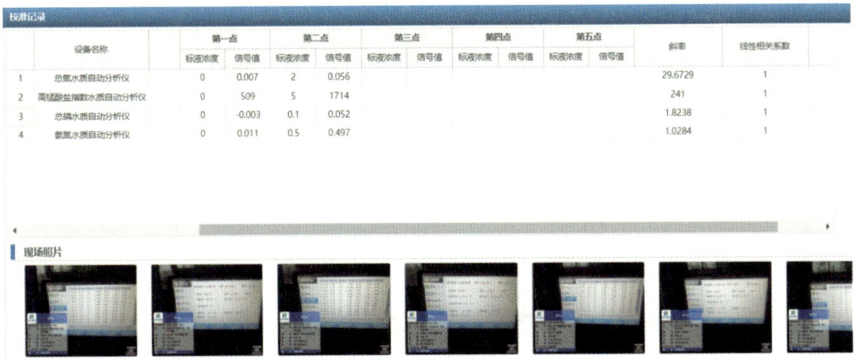

校准记录

	设备名称	第一点		第二点		第三点		第四点		第五点		斜率	线性相关系数
		标液浓度	信号值	标液浓度	信号值	标液浓度	信号值	标液浓度	信号值	标液浓度	信号值		
1	总氮水质自动分析仪	0	0.007	2	0.056							29.6729	1
2	高锰酸盐指数水质自动分析仪	0	509	5	1714							241	1
3	总磷水质自动分析仪	0	-0.003	0.1	0.052							1.8238	1
4	氨氮水质自动分析仪	0	0.011	0.5	0.497							1.0284	1

现场照片

图 2-26 国家水质自动综合监管平台仪器校准工单

6 水站标准样品更换，平台填报的基本要求有哪些?

答：①标准样品应为有证标准物质，需填写证书编号、试剂体积、配制时间、有效期和更换原因；

②应上传更换前后标准样品的照片，标准样品标签应包含试剂名称、浓度、配制人、配制时间和有效期，见图 2-27。

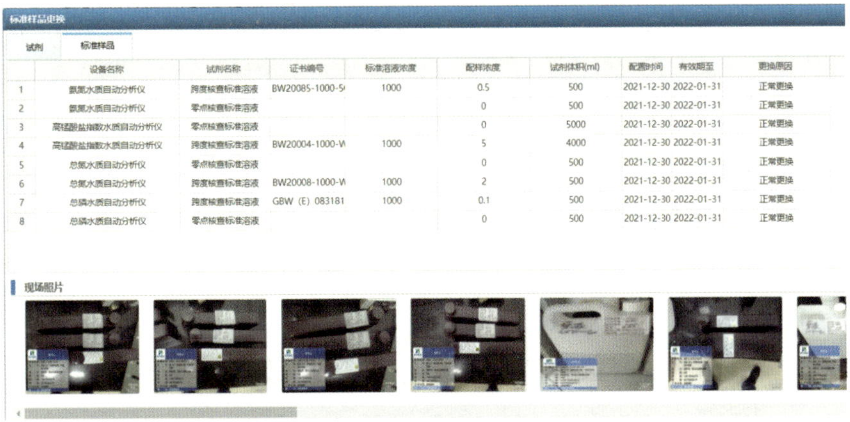

标准样品更换

试剂　标准样品

	设备名称	试剂名称	证书编号	标准溶液浓度	配样浓度	试剂体积(ml)	配置时间	有效期至	更换原因
1	氨氮水质自动分析仪	跨度核查标准溶液	BW20085-1000-5	1000	0.5	500	2021-12-30	2022-01-31	正常更换
2	氨氮水质自动分析仪	零点核查标准溶液			0	500	2021-12-30	2022-01-31	正常更换
3	高锰酸盐指数水质自动分析仪	零点核查标准溶液			0	5000	2021-12-30	2022-01-31	正常更换
4	高锰酸盐指数水质自动分析仪	跨度核查标准溶液	BW20004-1000-W	1000	5	4000	2021-12-30	2022-01-31	正常更换
5	总氮水质自动分析仪	零点核查标准溶液			0	500	2021-12-30	2022-01-31	正常更换
6	总氮水质自动分析仪	跨度核查标准溶液	BW20008-1000-W	1000	2	500	2021-12-30	2022-01-31	正常更换
7	总磷水质自动分析仪	跨度核查标准溶液	GBW（E）083181	1000	0.1	500	2021-12-30	2022-01-31	正常更换
8	总磷水质自动分析仪	零点核查标准溶液			0	500	2021-12-30	2022-01-31	正常更换

现场照片

图 2-27 国家水质自动综合监管平台标准样品更换工单

7 停站，平台填报的基本要求有哪些？

答：①停站应客观、真实，并在相关技术要求的允许范围内停站；

②停站填报需及时、客观、准确，填报停站起止时间、停站原因，描述内容应简洁、明了；

③跨月停站应按照相关要求及时复运和停站填报；

④停站应上传证明材料，无法提供证明材料的运维公司可以根据实际情况进行说明，说明文件需加盖公章，见图 2-28。

图 2-28 国家水质自动综合监管平台停运工单

8 流程日志（系统日志 / 仪器日志）的要求包括哪些内容？

答：①日质控、月质控和水样数据必须上传对应的流程日志，见图 2-29；

②水站进行采水、预处理及配水、分析、清洗至流程结束整个监测过程的状态信息，应至少包括各步骤启动时间、工作状态、分析过程等信息。

图 2-29 国家水质自动综合监管平台数据流程日志

9 平台上传照片时，对照片的基本要求有哪些？

答：①照片应大小适中、拍摄清晰、主题突出、拍摄画面能让人一目了然；

②照片应带水印，包含站点名称、经纬度、拍摄日期和时间。

10 何种情形下，其他持证运维人员可以代行开展巡检，此种情况下有何规定与要求？

答：在运维机构和站点运维人员的授权下，其他持证人员可以进入水站进行巡检、维护和校准等操作，但需填写访客登记表，开展的工作需用该站运维人员账户进行填报，并备注说明。

11 国控水站仪器关键参数报备流程是什么？

答：①国控水站仪器关键参数实行登记备案制度，由运维机构向总站提交书面备案文件，并在平台进行备案；

②国控水站仪器关键参数变更，须由运维人员通过平台申请，运维机构审核确认，并在48小时内将相关材料上传平台。

12 常见的运维记录填报不规范的情形主要有哪些？

答：①未检查自动留样器、灭火器、视频设备状态，但在运维记录中进行填报的；

②运维人员未到水站开展运维工作，但在运维记录中进行填报的；

③运维人员应提交水印照片，但未上传水印照片的情形。

第二节 仪器设备

一、仪器原理

1 pH 计的测试（HJ 1147—2020 水质 pH 值的测定 电极法）原理是什么?

答：以玻璃电极为指示电极，Ag/AgCl 为参比电极，组合为 pH 复合电极。利用 pH 复合电极电动势随氢离子活度变化而发生变化来测定水样 pH。为减少温度对测量带来的误差影响，复合电极 pH 计均有温度补偿装置，用于仪器校准。常规 pH 计在常规水样监测可准确至 0.1 个 pH 单位，精密仪器可准确到 0.01 个 pH 单位，见图 2-30。

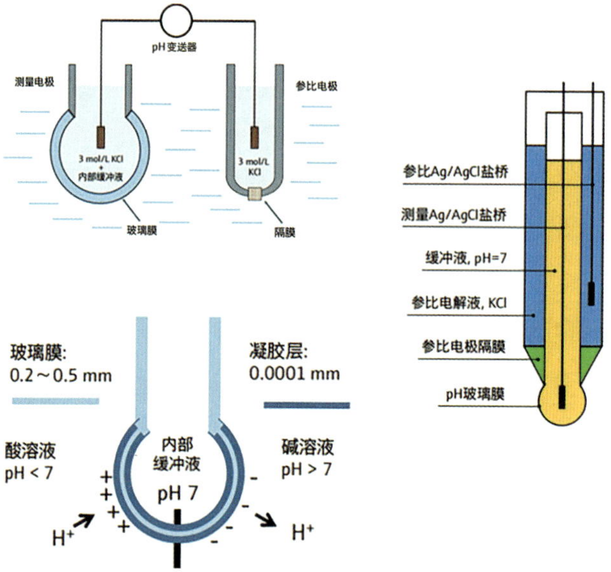

图 2-30 pH 玻璃电极法电极结构原理示意图

2 溶解氧膜电极法（HJ 506—2009 水质 溶解氧的测定 电化学探头法）的测试原理是什么?

答：探头有一个用选择性薄膜封闭的小室，室内有两个金属电极并充有电解质。氧和一定数量的其他气体及亲液物质可透过这层薄膜，但水和可溶性物质的离子几乎不能透过这层膜。将探头浸入水中进行溶解氧的测定时，由于电池作用（迦伐尼电池式或电流式）或外加电压（极谱式）在两个电极间产生电位差，使金属离子在阳极进入溶液，同时氧气通过薄膜扩散在阴极获得电子被还原，产生的电流与穿过薄膜和电解质层的氧的传递速度成正比，即在一定的温度下该电流（或极谱法中的输出电压）与水中氧的分压（或浓度）成正比，见图 2-31。

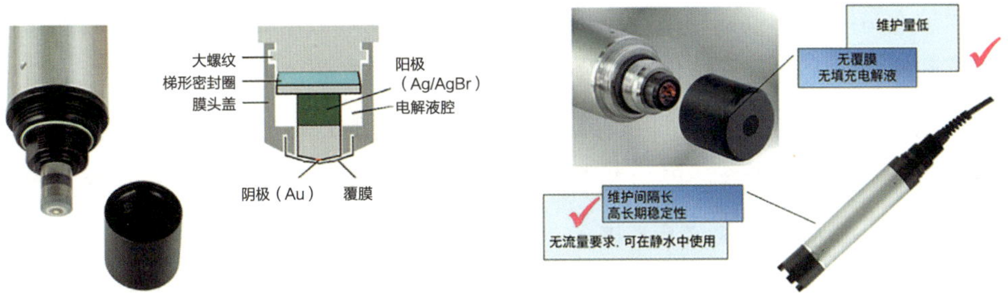

图 2-31 溶解氧膜电极法电极结构

3 溶解氧荧光法的测试原理是什么？

答：荧光法溶解氧传感器基于荧光猝熄原理。光电传感器向荧光层发射绿色脉冲光，绿色脉冲光照射到荧光物质上使荧光物质激发并发出红光，由于氧分子可以带走能量（猝熄效应），所以激发的红光的时间和强度与氧分子的浓度成反比，见图 2-32。

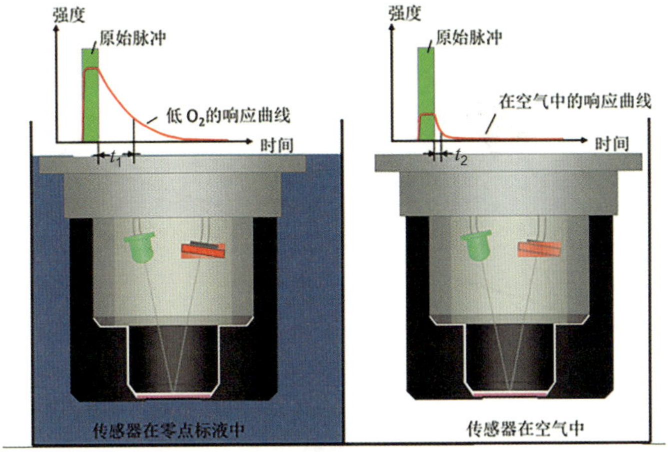

图 2-32 溶解氧荧光法电极结构

4 电极法测定电导率（GB/T 6908—2018 锅炉用水和冷却水分析方法 电导率的测定）的测试原理是什么？

答：电导率是以数字的形式表示溶液的导电能力，其和电阻率是互为倒数关系。水溶液的电导率取决于离子的性质和浓度、溶液的温度和黏度。电导率标准单位是 S/m（西门子 / 米），常用单位 μS/cm，换算关系为 1S/m=10 000μS/cm。当两个电极插入溶液中，可以测出两电极间的电阻 R，由于电导是电阻的倒数。因此，根据欧姆定律，温度一定时，这个电阻值与电极的间距 L(cm) 成正比，与电极的截面积 A（cm^2）成反比，即 $R=\rho L/A$。由于电极间距 L 和电极截面积 A 都是固定不变的，故 L/A 为常数，用 Q 表示，称为电导池常数。比例常数 ρ 称作电阻率，其倒数 $1/\rho$ 称为电导率，用 K 表示。$S=1/R=1/\rho Q$，S 表示电导，反映导电能力的强弱，所以 $K=QS=Q/R$。已知电导池常数，测出电阻后，即可求得电导率。

5 浊度的测试（HJ 1075—2019 水质 浊度的测定 浊度计法）原理是什么？

答：从传感器光源组件发出的光经聚焦后，向下进入浊度仪内，遇到样品中的悬浮颗粒产生散射光，光电检测器能够检测到与入射光束成 90° 角的散射光，该散射光的强度与被测样品的浊度在一定浓度范围内成比例关系，见图 2-33。

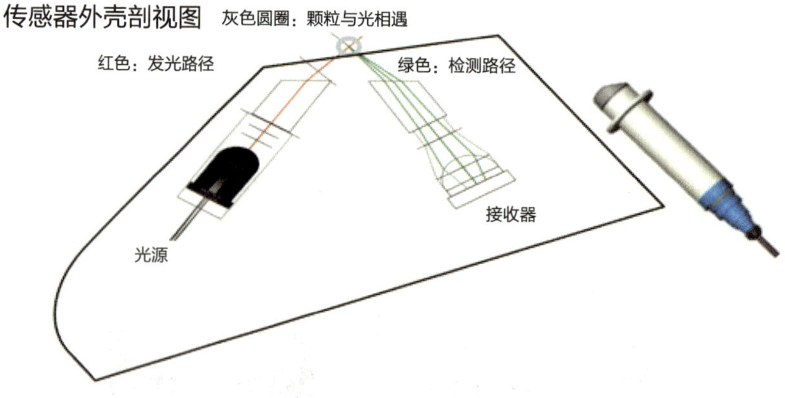

图 2-33 浊度电极结构

6 高锰酸盐指数定义是什么？

答：高锰酸盐指数是反映水体中有机及无机可氧化物质污染的常用指标。定义为：在一定条件下，用高锰酸钾氧化水样中的某些有机物及无机还原性物质，由消耗的高锰酸钾量计算相当的氧量。它反映了水中悬浮和溶解的可被高锰酸钾氧化的那一部分无机物和有机物的量。

7 高锰酸盐指数（酸性）的测试（实验室方法）（GB/T 11892—1989 水质 高锰酸盐指数的测定）原理是什么？

答：样品中加入已知量的高锰酸钾标准滴定溶液和硫酸溶液，在沸水浴中加热 30min，高锰酸钾将样品中的某些有机物和无机还原性物质氧化，反应后加入过量的草酸钠还原剩余的高锰酸钾，再用高锰酸钾标准滴定溶液回滴过量的草酸钠。通过计算得到样品中高锰酸盐指数，见图 2-34。

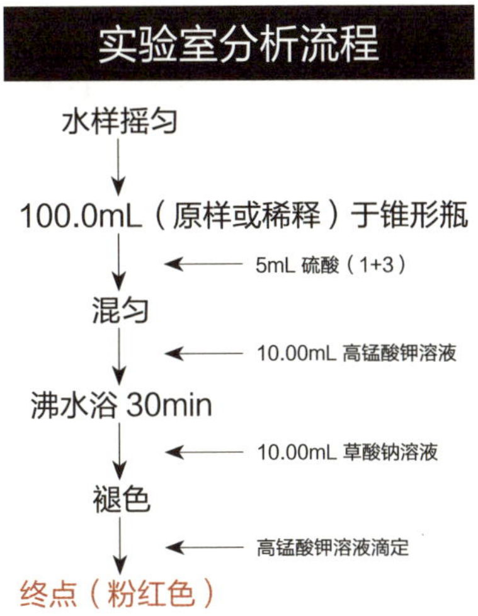

图 2-34 高锰酸盐指数（酸性）实验室分析流程

8 国标法（GB/T 11892—1989 水质 高锰酸盐指数的测定）中高锰酸盐指数（碱法）的检测原理是什么?

答：样品中加入已知量的高锰酸钾标准滴定溶液和氢氧化钠溶液，在沸水浴中加热 30min，高锰酸钾将样品中的某些有机物和无机还原性物质氧化，反应后加入硫酸溶液，在酸性条件下，用草酸钠还原过量的高锰酸钾，再用高锰酸钾标准滴定溶液回滴过量的草酸钠，通过计算消耗的高锰酸钾得到样品中高锰酸盐指数。

9 氨氮的测试（仪器）（HJ 101—2019 氨氮水质在线自动监测仪技术要求及检测方法）的原理是什么?

答：在碱性介质中，试料中的氨、铵离子与次氯酸根反应生成氯胺。在 60℃和亚硝基铁氰化钾存在条件下，氯胺与水杨酸盐反应形成蓝绿色化合物，于 660nm 波长处测量吸光度，吸光度和氨氮含量成正比，通过计算最终得到水样中氨氮含量。

10 氨氮的测试（实验室）（HJ 535—2009 水质氨氮的测定 纳氏试剂分光光度法）的原理是什么?

答：经预处理后的水样，加入纳氏试剂，以游离态的氨或铵离子等形式存在的氮与纳氏试剂反应生成黄棕色胶态化合物或淡红棕色络合物，胶态化合物或络合物的吸光度与氨氮含量成正比，于波长 420nm 处测量吸光度，最终得到水样中氨氮浓度。

注：当水样体积为 50mL，使用 20mm 比色皿时，本方法的检出限为 0.025mg/L，测定上限为 2.0mg/L（均以 N 计）。

11 总磷的测试（实验室）（GB/T 11893—1989 水质 总磷的测定 钼酸铵分光光度法）的原理是什么?

答：在中性条件下用过硫酸钾消解试样，将所含磷全部氧化为正磷酸盐。在酸性介质中，正磷酸盐与钼酸铵反应，在锑盐存在下生成磷钼杂多酸后，立即被抗坏血酸还原，生成蓝色的络合物，于波长 700nm 处测量吸光度。

12 总磷的测试（仪器）（HJ/T 103—2003 总磷水质自动分析仪技术要求）的原理是什么?

答：在酸性条件下，试样中各种形态的磷经 125℃高温高压水解，再与过硫酸钾溶液混合进行紫外消解，全部被氧化成正磷酸盐，在锑盐的催化下正磷酸盐与钼酸铵反应生成磷钼酸杂多酸。该化合物被抗坏血酸还原生成蓝色络合物，于波长 700nm 处测量吸光度。

13 总氮的测试（实验室）（HJ 636—2012 水质 总氮的测定 碱性过硫酸钾消解紫外分光光度法）的原理是什么?

答：在 120 ～ 124℃下，碱性过硫酸钾溶液使样品中含氮化合物的氮转化为硝酸盐，采用紫外分光光度法于波长 220nm 和 275nm 处，分别测定吸光度 A_{220} 和 A_{275}，按以下公式计算校正吸光度 A，总氮（以 N 计）含量与校准吸光度 A 成正比。

14 总氮的测试（仪器）（HJ/T 102—2003 总氮水质自动分析仪技术要求）的原理是什么?

答：在 120 ～ 124℃下，碱性过硫酸钾溶液使样品中含氮化合物的氮转化为硝酸盐，采用紫外分光光度法于波长 220nm 和 275nm 处，分别测定吸光度 A_{220} 和 A_{275}，按公式计算校正吸光度 A，总氮（以 N 计）含量与校正吸光度 A 成正比。

$A=A_{220}-2A_{275}$。

15 结合目前氮在线分析仪现状，两种原理的氮在线分析仪，详细说明原理、仪器特点及所用试剂有哪些?

答：①碱性过硫酸钾消解紫外分光光度法（中兴 C310 型总氮）

原理：在 120 ～ 124℃下，碱性过硫酸钾溶液使样品中含氮化合物的氮转化为硝酸盐，采用紫外分光光度法于波长 220 nm 和 275 nm 处，分别测试吸光度 A_{220} 和 A_{275}，按以下公式 $A=A_{220}-2A_{275}$ 计算校正吸光度 A，总氮（以 N 计）含量与校正吸光度 A 成正比。

仪器特点：仪表稳定性及准确性较好。

所用试剂：过硫酸钾溶液，氢氧化钠溶液，盐酸。

②硝酸盐氮测定（硫酸肼还原法美国通用仪表）

原理：在碱性条件下，铜锌催化剂存在时，硫酸肼将硝酸根定量地还原成亚硝酸根。亚硝酸根离子在酸性条件下与对氨基苯磺酰胺生成重氮化合物，后者与盐酸萘乙二胺偶合，生成紫红色偶氮化合物，比色定量，于540nm处测量吸光度。

仪器特点：硫酸肼还原法美国通用仪表，只是针对样品中的硝态氮和亚硝态氮进行测定，对其他形态含氮物质测定不明确，仪表针对不同标准物质测定结果偏差较大，测定含氮物质单一。仪器维护量大，且成本高。

所用试剂：消解液、中和液、还原液、显色剂等。

二、仪器校准及维护

1 在线仪器pH计的校准步骤有哪些?

答：通常pH在线分析仪，须经过pH标准缓冲溶液的校准后才能准确测量样品的pH，目前常规的校准方法为两点校准，即选择pH=4.01和pH=6.86的标准缓冲液进行两点校准。具体步骤如下：

①校准模式选择：进入校准菜单，将校准模式选择为两点校准；

②pH=6.86标液校准：清洗电极，用蒸馏水清洗净后，将pH电极浸没在pH=6.86的标液中，启动校准程序，等待屏幕显示稳定电位值（或pH），手动输入当前温度下的pH或通过按键直接确认；

③pH=4.01标液校准：用蒸馏水洗净电极后，再把电极浸没在pH=4.01的标准液中，启动校准程序，等待屏幕显示稳定电位值（或pH），手动输入当前温度下的pH或通过按键确认，完成校准；

④校准结果检查：校准完成后，检查仪器斜率是否在规定范围内；若斜率在范围内或前后两次校准偏差相对平稳，则校准成功，否则需进行故障排查，并重新校准。

2 pH 便携式仪器的校准步骤有哪些?

答：仪器使用应前仔细检查仪器是否完好，有无损坏。接通电源，校准开始前自动分析仪应预热 30min 以上，以使各部分功能及显示记录单元稳定。在电极受沾污情况下，必要时应采用洗涤剂、0.01mol/L 盐酸等洗涤，并用蒸馏水充分洗净。确认仪器可正常使用后，严格按照仪器说明书进行操作。先将水样与标准溶液调至同一温度，记录测定温度，并开启仪器温度补偿功能。

用标准溶液校准仪器，通过自动监测数据初步判断被测水体 pH 范围，若被测水体呈碱性（pH ＞ 7），依次选择 pH=6.86、pH=9.18 的校准液进行校准；若被测水体呈酸性（pH ＜ 7），依次选择 pH=4.01、pH=6.86 的校准液进行校准。按以下操作步骤进行校准：

①将电极（含球泡部分）用蒸馏水洗净并用滤纸吸干，并全部浸没于 pH=6.86 的标准溶液中，充分搅拌 pH 标准溶液使其均匀。观察仪表示值，待示值稳定（一般情况下，便携仪器可自动判断，校准进度条不再闪烁）后，按确认键完成第一点校准。

②取出电极在蒸馏水中洗净并用滤纸吸干，浸入第二种标准溶液（pH=4.01 或 pH=9.18）中，重复①中的测量步骤，完成第二点校准。

③取出电极洗净并用滤纸擦净，再浸入 pH=6.86 的标准缓冲溶液中，重复①中的测量步骤，若误差超过 0.02，则维护后重复①、②步骤，直至两种标准溶液中都能显示准确的 pH。

仪器校准后应将电极用蒸馏水充分淋洗，然后用滤纸吸干，保存待用。

3 当 pH 在线仪器校准不通过时，应从哪些方面进行检查或判断?

答：核实玻璃电极的使用及更换周期，如已到更换周期，需进行更换。未到更换周期的，一般属电极故障，通过更换电解液和盐桥进行修复，仍无法修复的，联系供货商进行维修。

4 溶解氧在线仪器电极校准（膜电极法）步骤有哪些?

答：①打开仪器的维护保养界面，用清水清洗电极后，用滤纸吸干电极薄膜上的水珠；

②将电极放在饱和湿润空气中（测试面离液面上方约2cm处），启动校准程序；

③等待直到屏幕显示出电极斜率值。校准完成后，检查仪器斜率是否在规定范围内，如斜率在范围内或前后两次校准偏差相对平稳，则校准成功；否则，排查故障后重新校准。

5 溶解氧在线仪器电极校准（荧光法）步骤有哪些?

答：①打开仪器的维护保养界面，从水中取出探头，用洁净的湿布擦拭以去除碎屑及滋生的生物。

②清洁传感器帽，将探头放在提供的校准包中，加入少量水（25～50ml），使校准包将探头体保护起来。将包着的探头远离阳光或其他热源。不要将探头接触任何硬的表面，必要时可以使用泡沫聚乙烯“垫”或者纸板。

③从主菜单中输入气压值或海拔值，选择相应操作步骤，按键确认。

④当读数稳定下来后，校准将自动完成（此过程的最长时间为45min）。完成后按确认键返回主菜单，并将探头重新放入需要测试的水中。

6 溶解氧无氧水配制的方法是什么?

答：取25g亚硫酸钠（Na_2SO_3）加纯水稀释定容至250mL，可加入适量的氯化钴（$CoCl_2$）做催化剂。

7 溶解氧饱和液配制方法是什么?

答：将恒温水浴的水温恒定在所要测定的温度值上，然后用空气泵向水中连续鼓泡2小时以上。

8 溶解氧的三种校准方式是什么?

答：零氧校准：无氧水；

饱和溶解氧校准：饱和溶氧水、水饱和的空气。

9 便携式 pH 计测定注意事项是什么?

答：①由于不同复合电极构成各异，其浸泡方式会有所不同，须按照电极使用要求进行操作。

②测定时，复合电极（含球泡部分）应全部浸入水样中。

③电极受污染时，可根据污染物质的类型确定处理方法。若电极受无机盐垢影响，可用低于 1mol/L 稀盐酸溶解；若电极分别受有机油脂类物质、树脂高分子物质影响，可分别用稀洗涤剂（弱碱性）、稀乙醇、丙酮、乙醚去除；若电极受蛋白质血球沉淀物影响，可用酸性酶溶液（如食母生片）去除；若电极受蛋白质血球沉淀物影响，用稀漂白液、过氧化氢消除。

④注意电极的出厂日期及使用期限，电极存放或使用时间不宜过长。

⑤便携式 pH 计应在检定有效期内使用。

⑥测试水样前，应现场测定质控样。

⑦监测人员需要经过培训、考核合格后方可上岗。

⑧水样最好现场测定。否则，应将样品保存在 0~4℃温度下，并在采样后 6 小时内进行测定。

10 影响便携式溶解氧（膜电极法）测定的因素有哪些?

答：水中存在的一些气体和蒸汽，如氯、二氧化硫、硫化氢、胺、氨、二氧化碳、溴和碘等物质，通过膜扩散影响被测电流而干扰测定。水样中的其他物质如溶剂、油类、硫化物、碳酸盐和藻类等，可能堵塞薄膜、引起薄膜损坏和电极腐蚀，从而影响被测电流而干扰测定。

11 电导率在线仪器电极校准步骤有哪些?

答：零点校准：使用零点校准程序定义电导率传感器唯一的零点。必须先定义零点，然后再使用参考溶液或过程试样首次校准传感器。

零点校准步骤如下：

①将电极从水样中取出，用滤纸擦干传感器；

②将擦干后的传感器放在空气中，按键选择零点校准；

③当读数稳定下来后，查看校准结果，若成功则按键确认；

标准溶液校准：标准溶液校准调整传感器读数，以匹配参考溶液的值；使用与预期测量读数相同或比预期测量读数更大的值作为参考溶液。

标准溶液校准步骤如下：

①使用去离子水彻底冲洗传感器。

②将传感器放入参考溶液中，使其不接触容器，确保传感器与容器间的距离至少为5cm。搅动传感器，以去除气泡。

③当读数稳定下来后，查看校准结果，若成功则按键确认。

12 在线浊度仪器校准的步骤有哪些?

答：传感器受本身器件老化、测量物体颗粒发生变化、安装环境改变等因素的影响，导致仪器测量误差大，因此要克服这些因素的影响就必须对仪器进行定期校准。通常仪器校准有3种模式：“单点校准”“两点校准”“多点校准”。其中，“单点校准”只是偏移量校准，适用于已经完成多点校准以后的传感器在现场应用时的快速校准；“两点校准”为线性校准，适用于0～100NTU量程的校准；“多点校准”为非线性校准，适合于0～100NTU，0～500NTU，0～2 000NTU，0～4 000NTU量程，见图2-35。

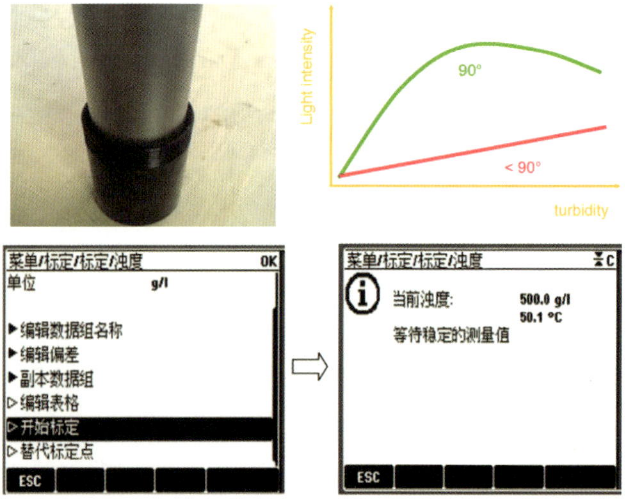

图2-35 浊度仪电极、测量原理曲线和校准步骤展示

注：浊度校准必须使用黑色器皿且内壁不反光。高浊度标准液沉淀很快，须使用搅拌器，保证溶液的均匀。

13 便携式仪器浊度电极使用时的注意事项是什么？

答：①经冷藏保存的样品应放置至室温后测量，测量时应充分摇匀，并尽快将样品转移入样品池内，样品池应避光，转移时应沿着样品池缓慢倒入，避免产生气泡；

②仪器样品池的洁净度及是否有划痕会影响浊度的测量，应定期进行检查和清洁，有细微划痕的样品池可通过涂抹硅油薄膜并用柔软的无尘布擦拭来去除；

③10NTU 以下样品建议选择入射光为 400 ～ 600nm 的浊度计，有颜色样品应选择入射光为 860nm±30nm 的浊度计；

④为了使测量结果更具可比性，应记录所用仪器的型号及入射光波长；

⑤超过仪器量程范围的样品，可用蒸馏水稀释后测量；

⑥便携式浊度仪应在检定或校准有效期内使用；

⑦监测人员需要经过培训、考核合格后方可上岗。

便携式浊度电极见图 2-36。

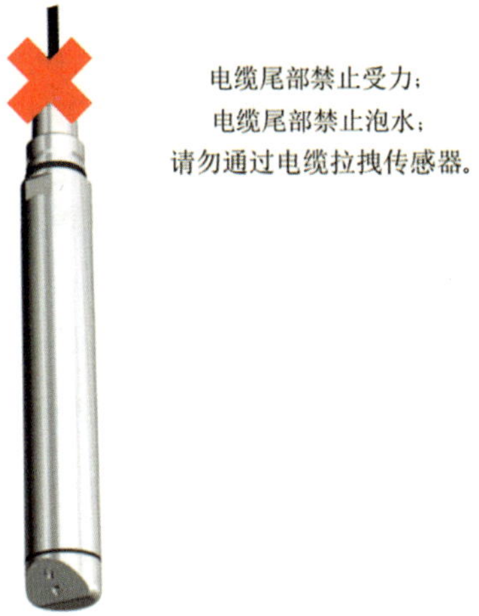

图 2-36 便携式浊度电极

14 如何清洗 pH 电极?

答：①先用清水冲洗传感器外部，除去松散污垢；

②再使用温热的肥皂水或洗洁精水浸泡电极 5min；

③用柔软、干净的布仔细擦拭玻璃电极探头（彻底清洗电极和盐桥表面），如果表面存在无法清除的污渍，可使用 0.1mol/L 稀盐酸溶液浸泡电极，时间不超过 5min；

④将电极放入温和的肥皂水中 2 ～ 3min，以中和残留的酸；

⑤最后将电极取出，使用蒸馏水洗净。

五参数电极示意见图 2-37。

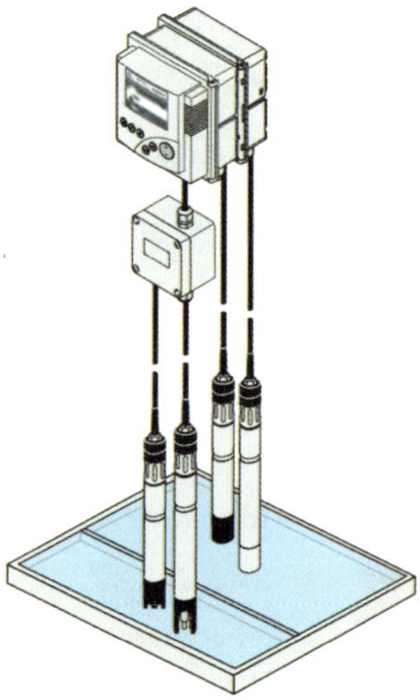

图 2-37 五参数电极示意图

15 高锰酸盐指数仪器滴定异常的原因有哪些?

答：①管路异常。例如，管路堵塞等。

②ORP 电极故障。例如，电极连接线路出现松动、电极内充液干涸、信号板故障或电极损坏等，见图 2-38。

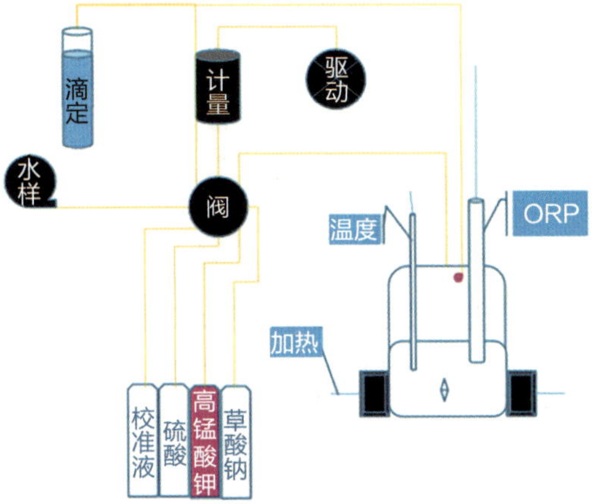

图 2-38 高锰酸盐指数 ORP 电极法结构

③注射泵损坏。

④试剂配制问题。例如，缺少试剂或试剂配置错误等。

⑤测试水样含干扰。例如，水样浓度过高等。

16 总磷试剂中抗坏血酸（还原剂）的更换要求?

答：总磷试剂中的抗坏血酸容易出现变质，特别是在气温较高的情况下，抗坏血酸变质后会呈淡黄色，影响反应过程中的显色，需每周检查抗坏血酸是否变质，发现变质立即更换，重新校准仪器。

17 引起氨氮测试数据误差的来源有哪些?

答：钙镁等金属离子干扰、氯离子干扰、色度干扰、浊度干扰、温度干扰、运维质量干扰、试剂及标物干扰、集成系统干扰等。

18 水质氨氮测定时，为什么要进行水样预处理？常用的水样预处理方式有哪些?

答：水样带有颜色或浑浊以及含其他干扰物质时，会影响氨氮的测定，需在测定时做适当的预处理。对较清洁的水，可采用絮凝沉淀法；对浊度、色度、钙镁离子较高的水体，则用蒸馏法消除干扰，见图 2-39。

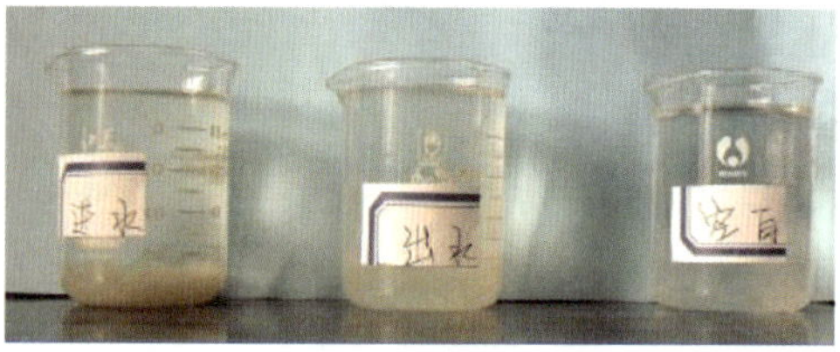

图 2-39 水样经过预处理前后和空白水样对比

19 仪器设备有关部件定期清洗与维护的内容是什么？

答：①水泵与取水管路（主要为河道中）：应定期清洗水泵过滤网。对于自吸泵，应定期清洗采水头；对于潜水泵，应定期清洗泵体、吊桶。取水管路应检查是否出现弯折现象，是否畅通，并清理管路周边杂物，泥沙含量大或藻类密集的水体断面应视情况进行人工清洗。一般每月 1 次，见图 2-40。

图 2-40 相关人员对采水管路定期维护

②配水与进水系统：每月对仪器采样适配器，包括过滤头、水杯和进样管等，以及对配水板上的管路和观察窗等进行清洗。

③仪器分析系统：定期清洗各个电极、采样杯、废液桶和进样管路、测量室等。

④空气压缩机：每月检查气泵和清水增压泵（部分站没有清水增压泵）工作状况 1 次，并对空气过滤器放水。

20 停机维护的要求是什么?

答：①短时间停机（停机时间小于 24 小时）：一般关机即可，再次运行时仪器需重新校准；

②长时间停机（连续停机时间超过 24 小时）：如果分析仪需要停机 24 小时或更长时间，一般需关闭分析仪器和进样阀，关闭电源。并用蒸馏水清洗分析仪器的蠕动泵以及试剂管路；清洗测量室并排空；对于测量电极，应取下并将电极头浸入保护液中存放。

21 留样单元的运行要求是什么?

答：①留样单元应具备密封和自动排空功能，能够根据现场需求采集具有代表性的样品；

②留样单元应按设置阈值进行超标留样或按监测频次（1 次 /4 小时）进行同步留样，留样保存时间不少于 48 小时；

③留样单元设置为超标留样时，所设阈值应为所在断面水质目标限值；

④当自动分析仪器监测结果连续 3 次出现异常数据时，运维人员应在第一时间到达水站，核实仪器运行状态，确认仪器正常后对所留水样在监测仪器上进行复测；若复测结果证明测试正常，应在 4 小时内通知地方生态环境主管部门，并抄送总站备案，配合做好相关应急监测工作；常规五参数出现异常时，运维机构应在规定时间内响应，并前往现场进行核查和比对；

⑤自动留样单元须按运维要求定期保养和维护，并做好相关记录。

水站自动留样器见图 2-41。

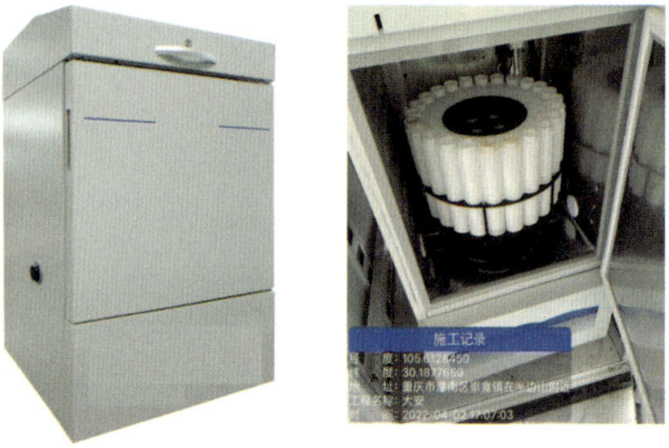

图 2-41 水站自动留样器

22 荧光法监测叶绿素 a 和蓝绿藻密度的激发光和发射光波长分别为多少?

答：叶绿素 a 一般采用激发光为 470nm，发射光大于 680nm。

蓝绿藻密度一般采用激发光为 590nm，发射光大于 630nm，见图 2-42。

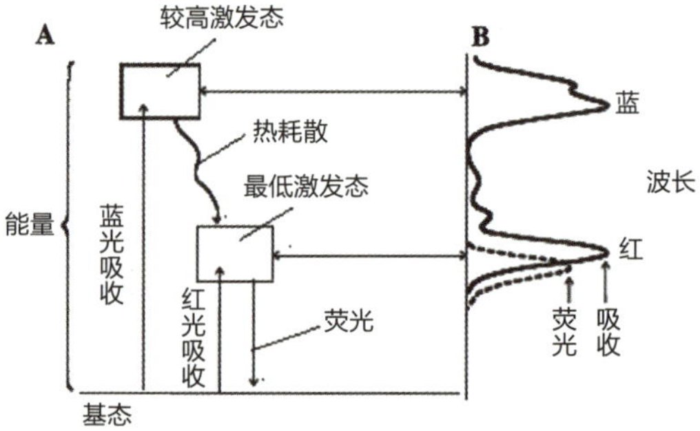

图 2-42 叶绿素 a 和蓝绿藻密度测量原理示意图

23 采用等效物质罗丹明 WT 对叶绿素 a 和蓝绿藻密度仪进行校准时，罗丹明 WT 的配制方法是什么?

答：①500μg/L 的罗丹明 WT 溶液与 100μg/L 叶绿素 a 的荧光信号基本相同；

②100μg/L 的罗丹明 WT 的荧光信号与 50cells/μL 的蓝绿藻荧光信号基本相同；

③其他浓度可以按照以上浓度关系进行稀释配制；

④不同地区的叶绿素 a 和蓝绿藻与罗丹明 WT 的荧光信号比例关系都不一样，需要实验室分析后确认比例关系。

24 荧光法监测叶绿素 a 和蓝绿藻密度的影响因素有哪些？（至少列举 3 种）

答：①细胞结构、颗粒大小和生物体类型对活体读数的影响；

②外界光对浮游植物荧光的影响；

③其他荧光物种的影响；

④温度对测量的影响；

⑤沉积物对测量的影响；

⑥浊度对测量的影响。

25 浊度、色度对数据影响的解决方案？

答：当浊度、色度达到系统集成测试干扰限制时，宜采用旁路蒸馏法，通过预处理增加过滤装置，或者启动设备自身抗浊度、色度干扰程序，来最大限度抵消浊度、色度对数据的干扰性。

26 对于溶解氧比对不合格的站点，应从哪些方面排查原因？

答：①采水点周围环境，是否存在水草、垃圾等其他干扰因素，见图 2-43；

②采水设施和管路是否老化，应定期清理更换；

③溶解氧数据采集时是否保证同步采样，同时采集，应在保证水样代表性的前提下提高可比性。

图 2-43 采水口附近有大量水草的水站

27 如何降低河道藻类对溶解氧及 pH 数据测量的影响?

答：可定期对采水口附近藻类进行打捞清理，同时可在采水口周围采取添加隔离网等隔离措施，阻断藻类蔓延，最大限度减少采水口附近藻类数量，见图2-44。

图 2-44 新洋港闸采水口情况

28 国家地表水水质自动监测站所用的在线仪表的功能和特点，并详细说明任一品牌型号高锰酸盐指数在线分析仪的主要结构、维护注意事项有哪些?

答：目前在线设备主要功能有样品的采集及分析、数据汇总及备份上传、设备自动清洗及校准、实时数据异常警告、自动质控功能。

特点：在线仪表有良好的人机交互界面，各项功能简单明了；仪表原理符合国家标准；系统集成度高；设备准确度及精度高，设备性能可靠性高；数据上传及备份安全性高。

某品牌高锰酸盐指数分析仪主要结构：主板、显示器、反应池、试剂仓、计量模块、注射泵、蠕动泵、六联体阀、电极、光纤，见图2-45。

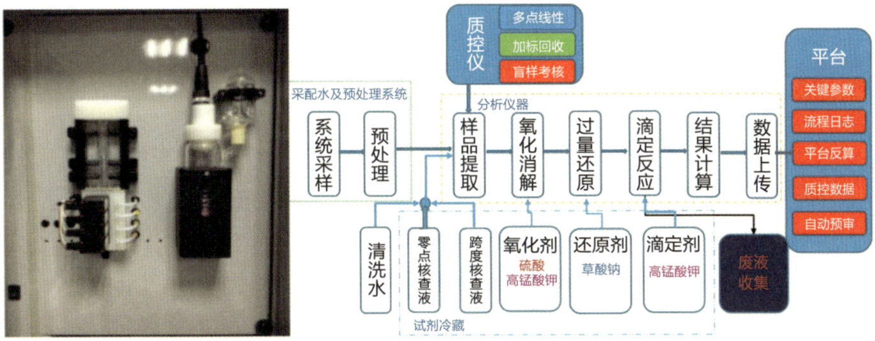

图 2-45 某品牌高锰酸盐指数仪器及相关流程

维护注意事项：维护过程中应首先注意自身防护，避免硫酸接触皮肤及衣物；定期维护以试剂更换、注射器清洗、反应池清洗、转子清洗、滴定管清洗为主；应急维护应先确定故障原因，如漏液、缺试剂、滴定异常等。设备若出现滴定异常情况，首先确定是否为未达到滴定终点问题，主要观察电极电位变化；其次观察是否为转子、滴定管、注射器等硬件故障导致；再次考虑试剂是否存在问题；最后确定是否是电极故障。

三、特殊参数

1 粪大肠菌群的概念是什么，酶底物法测定粪大肠菌群的原理是什么?

答：粪大肠菌群又称耐热大肠菌群。44.5℃培养 24h，能产生 β - 半乳糖苷酶，分解选择性培养基中的邻硝基苯 - β -D- 吡喃半乳糖苷（ONPG）为黄色的邻硝基苯酚的肠杆菌科细菌，见图 2-46。

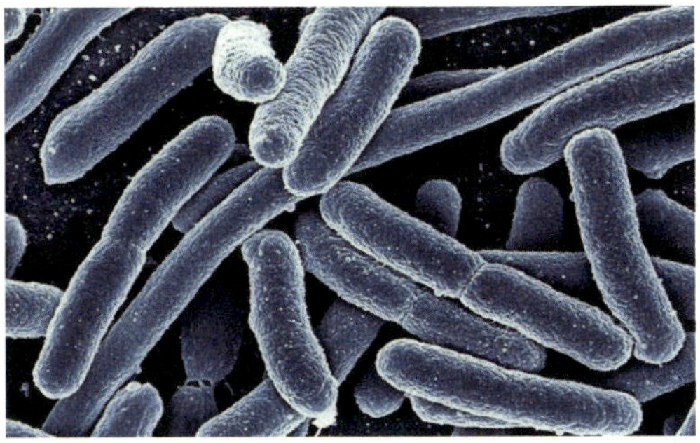

图 2-46 粪大肠菌

测定原理：在特定温度下培养特定的时间，粪大肠菌群能产生 β-半乳糖苷酶，将选择性培养基中的无色底物邻硝基苯-β-D-吡喃半乳糖苷（ONPG）分解为黄色的邻硝基苯酚（ONP），统计阳性反应出现数量，计算出粪大肠菌群的浓度值。

2 水样中的活性氯会对粪大肠菌群产生什么影响？如何消除其干扰？

答：活性氯具有氧化性，能够破坏微生物细胞内的酶活性，导致细胞死亡，可在样品采集过程中加入硫代硫酸钠（$Na_2S_2O_3$）溶液消除其干扰。

3 分光光度法测定叶绿素 a 的原理是什么？

答：将一定量的样品用滤膜过滤截留藻类，研磨破碎藻类细胞，用丙酮溶液提取叶绿素，离心分离后分别于 750nm、648nm 和 630nm 波长处测定提取液吸光度，计算水中叶绿素 a 的浓度。

四、备机管理

1 国控水站运维服务项目对备机配置提出了哪些要求？

答：国控水站每 10 台在用仪器设备至少配置 1 台备机，备机种类应当覆盖国控水站所有监测参数，备机的监测原理应当与在用仪器设备一致，性能满足相关标准规范要求。

每月应对备机进行 1 次标样核查，核查结果应符合规定的质控测试要求。

2 什么情况下启用备机或者移动监测车？

答：当国控水站出现监测数据异常时，应当在 4 小时内完成仪器设备故障排查，并做好相关记录。因仪器故障导致的数据异常，应当立即进行修复，无法修复的，应当在 48 小时内使用备机或移动监测车开展监测；非仪器故障导致的数据异常，应当立即向总站和所在地级及以上城市生态环境主管部门报告。

移动监测车外型及内部结构见图 2-47。

图 2-47 移动监测车

3 水站自动分析仪器升级后的检查重点有哪些?

答:①检查升级版本是否正确;

②关键参数升级前后是否一致(消解温度、消解时间、斜率和截距);

③仪表与工控机是否有报警,通信是否正常;

④检查关键参数、流程日志上传是否正常。

4 如何判断总氮反应池及光源是否正常?

答:①检查检测池内外壁是否干净,是否有腐蚀漏液的情况,如有,需及时清理或更换;

②检查仪器测试过程中,检测池内液体的液面是否在光纤端口检测平面以上,

如果液位过低，对检测结果会有较大影响，需要检查样品和试剂抽取是否正常；

③检查光源发光是否正常：在光谱仪维护界面中打开光源，观察氙灯是否正常工作；

④读取光谱仪信号：控制仪器往检测池中注入纯水，在光谱仪维护界面中先读取暗信号（暗信号应平稳），然后打开光源，读取光谱信号，正常情况下在275nm处的信号强度应为50 000左右，如果过高或过低，都有可能影响仪器性能，可以通过调节光纤位置和光源强度进行调试。

某品牌总氮仪器内部结构见图2-48。

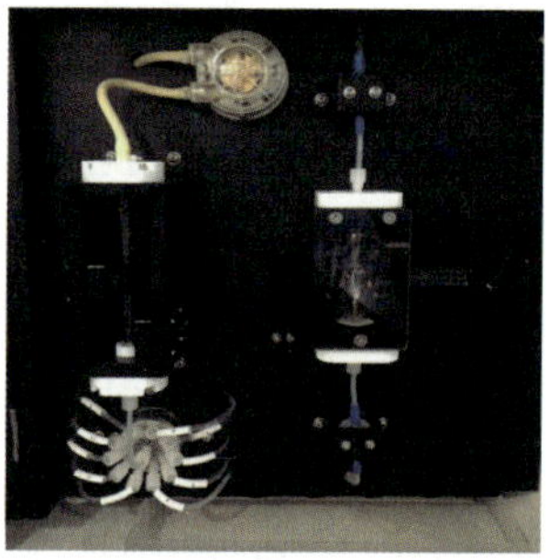

图2-48 某品牌总氮仪器内部结构

5 如何处理高锰酸盐指数出现异常高值?

答：某品牌高锰酸盐指数分析仪根据检测方法的不同，分为电极法和比色法两种类型。电极法采用ORP电极判断滴定终点（图2-49），当电极电位值跳变达到设定值时，判断为滴定终点，老国家站（309老站）和2018年新建站基本采用电极法。比色法采用525nm光判断滴定终点，当透光率变化值达到预定值时，判断为滴定终点。两种方法的测试流程和试剂配方基本相同。

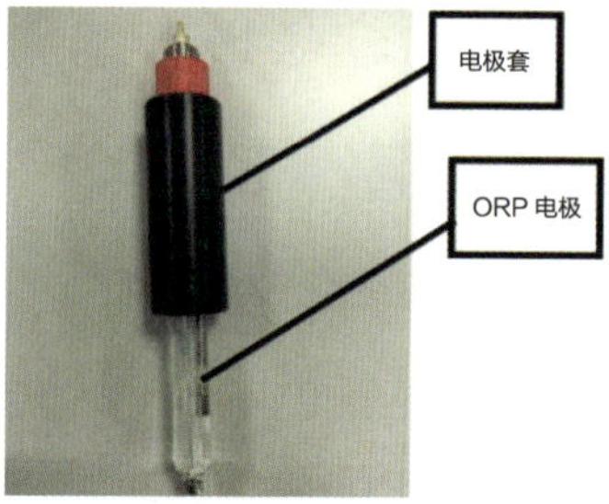

图2-49 高锰酸盐指数ORP电极

仪器出现异常高值，需要根据仪器日志、关键参数进行分析，或观察仪器测试流程和滴定时的状态，常见的可能原因有：试剂配错或氧化剂中的高锰酸钾未完全溶解；水样浊度或实际浓度过高；搅拌电机不转或搅拌子破裂；电极损坏或老化导致电位值异常（电极法）。试剂问题可尝试更换试剂解决；水样浊度过高可适当延长沉降时间或改用高量程测试；水样浓度过高时也应选用高量程测试；搅拌电机或搅拌子问题则需更换相应部件；电极需定期检查表面是否有污物，必要时用抗坏血酸或盐酸羟铵溶液浸泡；电极损坏或老化时只能更换电极。当水中高锰酸盐指数出现异常高值时，仪器会自动切换到高量程测试，应拍照说明情况。

6 当仪器无法准确计量所抽取的液体，出现缺水样或试剂提示时，如何分析原因及排除故障?

答：①无相应样品；

②管路堵塞或漏气；

③蠕动泵连线松动或蠕动泵泵管损坏；

④管路及其阀堵塞故障；

⑤电路板损坏，无法控制相应的驱动器部件工作。

排除故障方法见表 2-3。

表 2-3 出现缺水样或试剂提示的解决措施

故障原因	解决措施
无相应样品	补充相应试剂
管路堵塞或漏气	疏通、更换堵塞管道或重新连接漏气接头；确保管路畅通
蠕动泵连线松动或蠕动泵泵管损坏	检查好接线，更换损坏部件
管路及其阀堵塞故障	疏通管路及其多通阀，卡死进行清洗阀头或多次断电上电，对于不能进行疏通的、卡死无法恢复的可以考虑更换
电路板损坏，无法控制相应的驱动器部件工作	检查维修或者更换电路板

7 请简述数据标识：T、L、P、D、F、Z、hd、M、B 标识的含义。

答：T—超上限（监测浓度超仪器测量上限）；

L—超下限（监测浓度超仪器下限或小于检出限）；

P—电源故障（系统电源故障）；

D—仪器故障；

F—仪器通信故障（系统电源故障）；

Z—取水点无水样（取水点无水样或采水泵未正常上水）；

hd—现场启动测试；

M—维护调试数据（仪器仪表处于维护期间产生的数据）；

B—仪器离线。

8 对水质自动分析仪器运行时所用的化学试剂的保存与运输有何技术要求?

答：在不影响试剂溶解性的情况下，应保证分析仪器运行时所用的化学试剂在使用、保存、运输过程中处于避光、4℃ ±2℃低温保存，保证试剂在有效期内，见图 2-50。

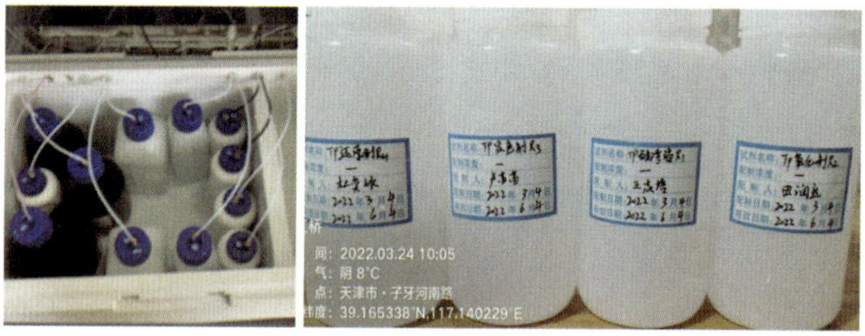

图 2-50 试剂冰箱及有效期展示

9 平台巡检时发现站点掉线如何处理?

答：第一步，远程判断站点情况。

①通过联系当地供电所确认是否为停电；

②检查网络是否为欠费。

第二步，现场判断情况。

现场站点有电情况下：

①到达现场后，检查供电是否正常，网络是否正常；如果供电正常，网络正常，仪表及工控机正常工作时，需检查断电重启 VPN 和网络，如果站点恢复正常则故障为 VPN 或站点路由器（光猫）问题。

②若系统及仪表采水正常，平台显示掉线，检查数据库是否正常工作，检查杀毒软件是否将数据库列为不信任项。卸载杀毒软件恢复数据库正常工作。

③在网络正常的情况下检查工控机是否可连接到外网。若不能，则检查网线或网线端口是否正常。若都正常，则可能是工控机网络设置的 DNS 码有问题，需重新设置恢复。

④若以上都正常则需检查网络连接平台是否通畅，若不通畅，则可能为 VPN 过平台端故障。

如果现场站房有电而工控机及仪表没电：

①检查工控机机柜是否跳闸，如果跳闸先断开仪表及采水泵，合闸后逐步检查。

②检查供给系统的空气开关是否跳闸，先合闸，后检查采水泵是否正常工作；

③如果现场 UPS 供电报警，则检查 UPS 报警故障。如果市电供电正常，稳压电源供电正常，UPS 仍走旁路且有报警，则需注意 UPS 本身故障。通过 UPS 自检键自检或关闭蓄电池组供电，待 UPS 内部电源耗尽后，检查 UPS 市电供电端电压是否正常。若 UPS 市电端供电电压正常，则接通 UPS 市电供电后蓄电 3 ～ 5min 开机，检查是否能正常开机，若不能，则 UPS 故障需联系厂家维修。若正常开机，则检查是否有报警信息，联系厂家判断原因。

④检查稳压电源是否故障，即稳压电源供电正常时检查线圈工作状态，以及线圈电路板是否有损坏现象。

⑤若供电恢复后系统采水时，采水泵未采集到水样或跳闸则需要检查工控机内部线路问题：

a. 检查采水泵的交流接触器是否吸合，若不吸合则将其手动复位后进行测试；

b. 交流接触器复位后，进行采水测试时，交流接触器吸合一会儿后，供电跳闸，则可能为采水线路或采水泵故障，需用万能表量采水线路是否通路，电阻是否正常；

c. 若进行采水测试时，交流接触器吸合，未采到水也可能是因为管路堵塞。

第三节　标准物质及试剂耗材

一、试剂管理

1 制备实验用水的方法有哪些？水质自动监测站实验用水有哪些基本要求？

答：制备方法通常有蒸馏法、离子交换法、电渗析法。

实验室用水要求：分析实验室用水的原水应为饮用水或适当纯度的水。分析实验室用水共分为三个级别：一级水、二级水和三级水。

一级水用于有严格要求的分析试验，包括对颗粒有要求的试验。如高效液相色谱分析用水。一级水可用二级水经过石英设备蒸馏或交换混床处理后，再经0.2μm微孔滤膜过滤来制取。

二级水用于无机痕量分析等试验，如原子吸收光谱分析用水。二级水可用多次蒸馏或离子交换等方法制取。

三级水用于一般化学分析试验。三级水可用蒸馏或离子交换等方法制取。

水质自动监测站实验用水满足三级用水即可，见表2-4。

表2-4 实验室用水规格

名称	一级	二级	三级
pH值范围（25℃）	—	—	5.0～7.5
电导率（25℃）/（mS/m）	≤0.01	≤0.10	≤0.50
可氧化物质含量（以O计）/（mg/L）	—	≤0.08	≤0.40
吸光度（254nm，1cm光程）	≤0.001	≤0.01	—
蒸发残渣（105℃+2℃）/（mg/L）	—	≤1.0	≤2.0
可溶性硅（以SiO2计）（mg/L）	≤0.01	≤0.02	—

注:1. 由于在一级水、二级水的纯度下，难以测定其真实的pH值，因此，对一级水、二级水的pH值范围不做规定。

2. 由于在一级水的纯度下，难以测定可氧化物质和蒸发残渣，对其限量不做规定。可用其他条件和制备方法来保证一级水的质量。

2 影响实验室空白的因素有哪些？

答：试剂纯度、器皿清洁程度、计量仪器性能条件、环境条件、分析人员的操作水平和经验等。

3 国控水站在常用试剂方面有哪些规定与要求?

答：①国控水站使用试剂的纯度需分析纯（AR）以上，标准溶液用试剂的纯度应在优级纯（GR）以上。质控、核查工作应使用有证标准物质；

②运维机构应安排专人配制国控水站使用的试剂溶液，应采用专用试剂瓶盛装，贴有明确标识（包括试剂名称、配制浓度、配制人员、配制时间、有效期），并做好相关记录；

③试剂更换周期，应结合试剂特性，并根据技术规范要求定期更换，更换试剂后应立即对仪器进行校准、核查；

④国控水站所用的强酸、强碱、有毒化学物质，运维机构应遵照《危险化学品安全管理条例》严格管控，严禁用于其他用途。

二、试剂配制

1 使用容量瓶的注意事项有哪些?

答：①容量瓶体积是否与所要求的一致；

②若配制见光易分解物质的溶液，应选择棕色容量瓶；

③玻璃磨口塞或塑料塞是否漏水；

④容量瓶使用前，检查洗涤是否干净，不挂水珠视为洗涤干净；

⑤容量瓶不可作为配制溶液的贮存容器，且必须在一定条件下保存。

不同体积容量瓶见图 2-51。

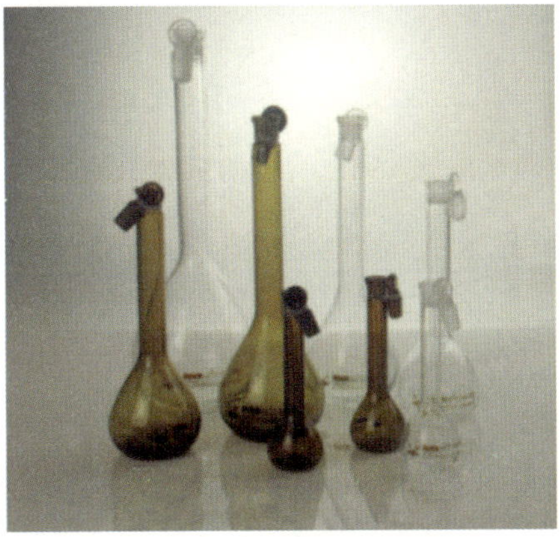

图 2-51 不同体积容量瓶

2 运维人员配制标液时，应如何选用移液管?

答：移液管又称吸量管，分单标线吸量管和分度吸量管。单标线吸量管又称大肚移液管。运维人员配制标液时应使用大肚移液管。

不同体积移液管见图 2-52。

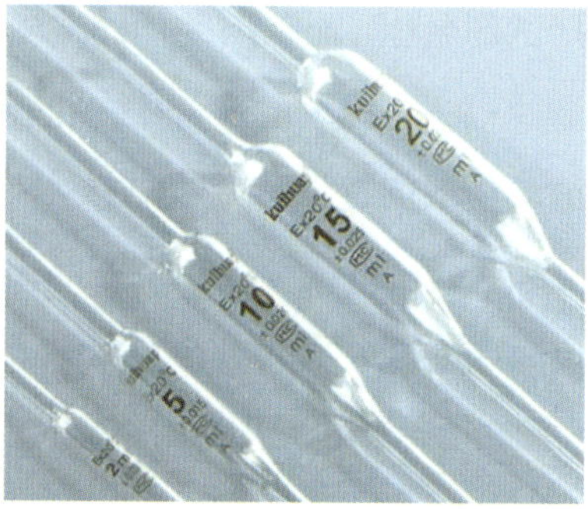

图 2-52 不同体积移液管

3 国家水站仪器试剂更换的要求是什么?

答：①仪器试剂和标样要按厂家推荐的更换周期定期更换。

②更换试剂前要将试剂瓶洗净并用新的试剂润洗试剂瓶，尽量避免将新试剂直接与旧试剂混合使用。严禁使用矿泉水瓶装试剂和标准液。

③试剂更换后要及时更新试剂标签，并注明试剂名称、浓度、更换时间、有效期、配制人等信息，见图 2-53。

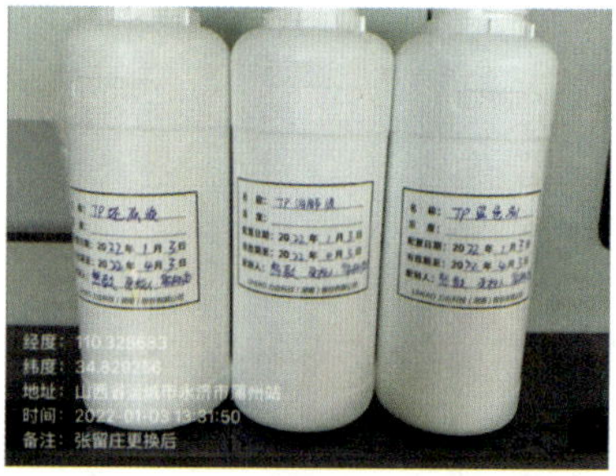

图 2-53 更换试剂后记录照片

④更换试剂后要对仪器进行校准和标样核查，确保仪器准确。

⑤试剂更换和校准完成后，要填写试剂更换记录表和校准记录表。

4 如何利用 1 000mg/L 总磷母液，配制成 0.2mg/L 的标液?

答：因母液浓度与目标浓度相差太大，必须先配制中间浓度。首先配制 500mL，10mg/L 的中间标液，准备好已清洗的 500mL 容量瓶和 5mL 大肚移液管，准确吸取 5mL 总磷母液，移入容量瓶中，加水稀释至刻度摇匀备用，此标液的浓度即为 10mg/L。然后再利用配制好的 10mg/L 中间标液配制 0.2mg/L 的标液。准备已清洗的 500mL 容量瓶和 10mL 大肚移液管，用 10mL 大肚移液管准确吸取 10mL 已经配制的 10mg/L 的标液，并移入 500mL 的容量瓶中，加水稀释至刻度，所得标液即为 0.2mg/L。

三、备品备件管理

1 更换国控水站关键备件后应做哪些工作?

答：运维机构更换仪器关键零部件，须对仪器重新进行校准、核查；更换备机，须对备机进行校准和多点线性核查。

2 采样容器主要有哪几种材质?

答：不同的监测项目应该使用不同材质的采样容器，主要有硬质玻璃和聚乙烯两种材质，见图 2-54。

①一般的玻璃瓶用于测试有机物和生物成分的水样；

②聚乙烯适用于测试无机物的水样。

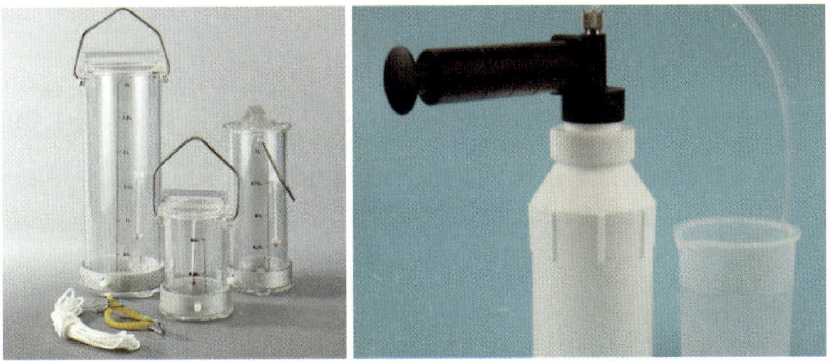

图 2-54 不同采样容器照片

3 水质采样过程中需加入固定剂（图 2-55），常见的固定剂有哪些，分别有什么作用?

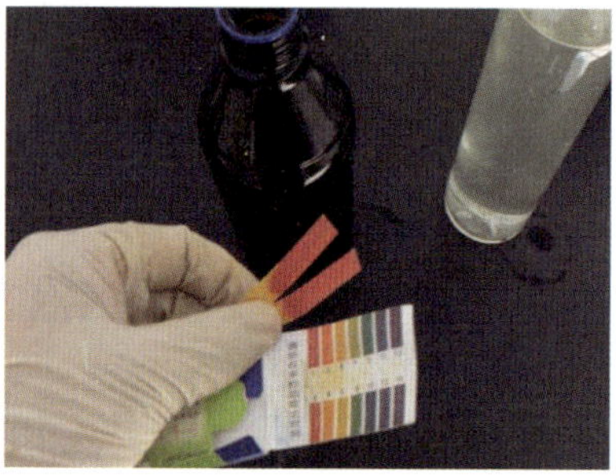

图 2-55 水样加固定剂照片

答：通过控制溶液 pH，加入抑制剂、氧化剂或还原剂，可以阻止样品因生物、物理或化学因素引起某些组分的浓度变化。应当注意，加入的保存剂不能干扰以后的测定；保存剂的纯度必须达到分析的要求，还应做相应的空白试验，对测定结果进行校正。

①调节 pH：测定金属离子的水样常用 HNO_3 酸化至 pH 为 1 ～ 2。既可防止重金属离子水解沉淀，又可避免金属被器壁吸附，同时在 pH 为 1 ～ 2 的酸性介质中还能抑制生物的活动；测定氰化物或挥发酚的水样加入 NaOH 调至 pH=12 时，使之生成稳定的酚盐等；测定六价铬的水样应加 NaOH 调至 pH=8，因为在酸性介质中，六价铬的氧化电位高，易被还原；测定总铬的水样，则应加 HNO_3 酸化至 pH 为 1 ～ 2。

②加入生物抑制剂：为了抑制生物作用，可在样品中加入生物抑制剂。如：在测定氨氮、硝酸盐氮、化学需氧量的水样中加入 $HgCl_2$，可抑制生物的氧化还原作用；对测定酚的水样，用 H_3PO_4 调溶液的 pH，加入 $CuSO_4$ 可控制苯酚菌的分解活动。

③加入氧化剂或还原剂。如：测定汞的水样需加入 HNO_3（于 pH ＜ 1）和 $K_2Cr_2O_7$(0.05%)，使汞保持高价态；测定硫化物的水样，加入抗坏血酸，可以防止被氧化；测定溶解氧的水样则需加入少量硫酸锰和碘化钾固定溶解氧等。

第四节　法律法规、规范标准

一、文件控制

质量体系文件包含哪些内容?

答：质量体系文件按照其载体分为纸质文件和电子文件；按照其来源可分为内部文件和外部文件。

①内部文件包括《质量手册》《程序文件》《作业指导书》和记录。《作业指导书》包括仪器操作规程和监测细则等。记录包括质量记录和及时记录。

②外部文件包括法规、规章、标准、规范、客户的资料图纸等。

二、法律法规

1 哪些属于环境监测数据弄虚作假行为?

答：环境监测数据弄虚作假行为是指故意违反国家法律法规、规章以及环境监测技术规范等，篡改、伪造或者指使篡改、伪造环境监测数据等行为。

2 什么是篡改监测数据？什么是伪造监测数据?

答：篡改监测数据是指利用某种职务或者工作上的便利条件，故意干预环境监测活动的正常开展，导致监测数据失真的行为。伪造监测数据是指没有实施实质性的环境监测活动，凭空编造虚假监测数据的行为。

3 伪造监测数据包括哪些情形?

答：①纸质原始记录与电子存储记录不一致，或者谱图与分析结果不对应，或者用其他样品的分析结果和图谱替代的；

②监测报告与原始记录信息不一致，或者没有相应原始数据的；

③监测报告的副本与正本不一致的；

④伪造监测时间或者签名的；

⑤通过仪器数据模拟功能，或者植入模拟软件，凭空生成监测数据的；

⑥未开展采样、分析，直接出具监测数据，或者到现场采样但未采样，甚至未开设烟道采样口，直接出具监测报告的；

⑦未按规定对样品留样或保存，导致无法对监测结果进行复核的；

⑧其他涉嫌伪造监测数据的情形。

4 涉嫌指使篡改、伪造监测数据的行为，包括哪些情形?

答：①强令、授意有关人员篡改、伪造监测数据的；

②将考核达标或者评比排名情况列为下属监测机构、监测人员的工作考核要求，意图干预监测数据的；

③无正当理由，强制要求监测机构多次监测并从中挑选数据，或者无正当理由拒签上报监测数据的；

④委托方人员授意监测机构工作人员篡改、伪造监测数据或者在未做整改的前提下，进行多家或多次监测委托，挑选其中“合格”的监测报告的；

⑤其他涉嫌指使篡改、伪造监测数据的情形。

5 发现社会环境监测机构弄虚作假行为应如何处理?

答：①社会环境监测机构以及从事环境监测设备维护、运营的机构，篡改、伪造监测数据或出具虚假监测报告的，由负责调查的环境保护主管部门将该机构和涉及弄虚作假行为的人员列入不良记录名单，并报上级环境保护主管部门，禁止其参与政府购买环境监测服务或政府委托项目；

②监测仪器设备应当具备防止修改、伪造监测数据的功能，监测仪器设备生产及销售单位配合环境监测数据造假的，由负责调查的生态环境主管部门通报公示生产厂家、销售单位及其产品名录，并上报生态环境部，将涉嫌弄虚作假的单位列入不良记录名单，禁止其参与政府购买环境监测服务或政府委托项目，对安装在企业的设备不予验收、联网；

③环境监测数据弄虚作假行为构成违法的，按照有关法律法规的规定处理。

6 什么是破坏计算机信息系统罪？在环境监测中哪些行为属于计算机信息系统违法行为？违反法律后会有哪些相应处罚？

答：破坏计算机信息系统罪是指违反国家规定，对计算机信息系统功能或计算机信息系统中存储、处理或者传输的数据和应用程序进行破坏，或者故意制作、传播计算机病毒等破坏性程序，影响计算机系统正常运行，后果严重的行为。

环境监测中计算机信息系统违法行为主要包含擅自修改参数或者监测数据，干扰采样，致使监测数据严重失真以及其他破坏环境质量监测系统的行为。

依据《刑法》第二百八十六条，违反国家规定，对计算机信息系统功能进行删除、修改、增加、干扰，造成计算机信息系统不能正常运行，后果严重的，处五年以下有期徒刑或者拘役；后果特别严重的，处五年以上有期徒刑。

7 重大环境污染事故罪的概念是什么？

答：违反国家规定，排放、倾倒或者处置有放射性的废物、含传染病病原体的废物、有毒物质或者其他有害物质，严重污染环境的，处三年以下有期徒刑或者拘役，并处或者单处罚金；后果特别严重的，处三年以上七年以下有期徒刑，并处罚金。

8 《刑法》第三百三十八条规定的“有毒物质”指的是哪些物质？

答：①危险废物，是指列入国家危险废物名录，或者根据国家规定的危险废物鉴别标准和鉴别方法认定的，具有危险特性的废物；

②《关于持久性有机污染物的斯德哥尔摩公约》附件中所列物质；

③含重金属的污染物；

④其他具有毒性，可能污染环境的物质。

第五节　站房建设

一、内部环境

1 国控水站站房内环境条件有何要求？

答：①站房结构需采取必要的保温措施；

②站房内应有空调和冬季采暖设备，室内温度应当保持在 18 ～ 28℃，湿度在 60% 以内，空调功率满足温度要求，具备来电自启功能，并根据温度要求自动运行。在北方寒冷地区应配备电暖气等单独供暖设备，保障室内设备的正常工作。

2 水站内空调的作用是什么？

答：空调的作用为控制站房内的温度和湿度。空调系统通过冷却室内空气下降到露点帮助控制湿度，湿度太大，水可能在仪器内部部件上开始凝结。如果在干燥的环境中，辅助加湿系统可以添加水蒸气，因为如果湿度太低，可能导致静电放电问题，可能会损坏元器件，见图 2-56。

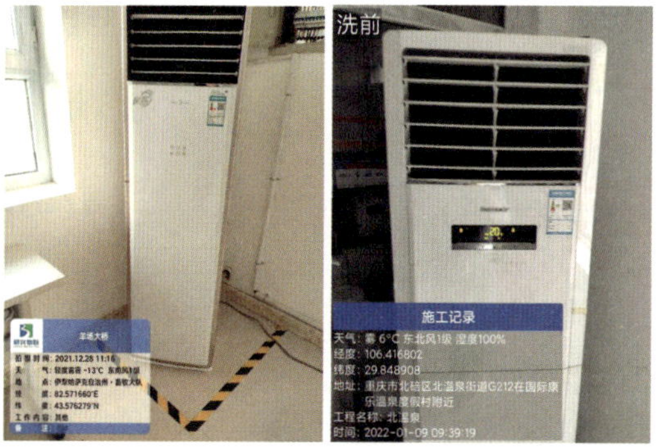

图 2-56 室内空调照片

3 检查站房基础设施和配套设施的主要内容有哪些？

答：检查站房基础设施，主要检查站房设施的完整性及状况（周边环境、站房主体、门窗密闭、站房外观、供电线路、光纤线路、供水设施情况等）；检查站房配套设施情况，主要包括安防设备、照明设施、消防系统、室内设备供电单元、室内温控单元、室内外监控单元、化验设施、生活设施等。

4 水站对质控室的设备与性能方面有哪些基本要求?

答：质控室内应配有防酸碱化学实验台、洗涤台、上下水和冷藏柜，化学实验台应具备耐强酸碱腐蚀、耐磨性、耐冲击性、耐污染性要求，底座可调节。

5 浮船站运行环境安全检查内容主要有哪些?

答：①定期检查摄像头是否破损，视频设备功能是否正常，包括摄像机、视频存储、云台控制等；

②定期检查浮船站蓄电池工作状态，必要时采用发电机或外接电源进行充电；

③定期检查舱室漏水报警设备工作状态；

④定期检查救生设施工作状态；

⑤定期检查灭火设施工作状态。

6 灭火器检查要点有哪些?

答：①灭火器应置于指定位置，无障碍物，摆放稳固，无有埋压，无挪作他用，责任人维护职责明确、落实，见图 2-57；

图 2-57 室内手提式灭火器及悬挂式消防装置

②灭火器的使用说明应朝外，灭火器箱不得上锁，灭火器应避免日光曝晒和强辐射热；

③灭火器铭牌应完整清晰，保险销和铅封应完好，灭火器操作要求应清楚易懂；

④灭火器筒体不应有锈蚀、变形现象，喷嘴不应有变形、开裂、损伤，喷射软管应畅通、不应有变形和损伤，灭火器压力表的外表面不应变形、损伤灭火器压把，阀体等金属件不应有严重损伤、变形、锈蚀，灭火器的橡胶、塑料件不应变形、变色、老化或断裂；

⑤灭火器的压力指示器的指针应指在绿区；

⑥灭火器应在有效期内，符合消防产品市场准入制度。

7 空压机维护保养需要注意哪些方面内容?

答：①每周对空压机进行缸体排水；

②检查进气滤芯，发现堵塞立即拆除清洗，防止空压机负荷过高烧毁；

③每周排放减压阀油水分离器积水；

④检查缸体安全阀是否完好，发现问题立即送修，严禁继续使用；

⑤使用肥皂水涂抹空压机各接头及输出管路试漏；

⑥检查缸体压力表和减压阀压力表是否正常。

8 站房安全性及环境保障需要注意哪些方面内容?

答：①站房有无漏水、地基是否存在塌陷；

②站房内有无电源防雷、网络防雷；室外有无避雷针且各自接地合格；

③有无每年一次的防雷验收报告且在有效期内；

④灭火装置是否覆盖所有设备且在合格期内；

⑤站房是否配有烟感和温感探测器；

⑥站房门是否设置门禁装置且正常；

⑦站房内温湿度是否满足要求；

⑧视频监控录摄是否为指定区域，是否有遮挡。

二、室外环境

1 前端视频监控设备布设要求是什么?

答：①站房外取水口：安装在靠近取水口岸边，安装高度应满足 50 年一遇的防洪要求，固定监控视角，用于监控取水口及站房周边情况；视频照射距离≥50m；

②站房周围环境：应安装网络红外球型摄像机，可监控站房周围环境，视频照射距离≥200m；

③站房仪器室：应安装于站房仪器室内，固定监控视角且范围可覆盖仪器室内部所有仪器设备，视频照射距离≥30m；

④对于小型式水站、水上固定平台及浮船式水站应满足实时监控取水口、进门处和仪器设备，其他不做要求。

2 前端视频监控设备技术要求是什么？

答：①网络红外球型摄像机：球机带云台，可水平360°旋转，竖直0°～90°旋转；带红外，支持夜间查看；

②高清网络录像机：支持不低于200万像素高清网络视频的预览、存储和回放；支持IPC集中管理，包括IPC参数配置、信息的导入/导出、语音对讲和升级等；支持智能搜索、回放及备份。

3 采水装置设置的要求有哪些？

答：采样装置的吸水口应设在水下0.5～1m范围内，并能够随水位变化适时调整位置，同时与水体底部保持足够的距离，防止底质淤泥对采样水质的影响。

4 水站采排水设施及管线的检查要求有哪些？

答：①在规定的时间对采排水设施、管线、设备进行预防性的检修。站房应配备足够的备品备件，在保养检修期间不能影响监测设备的运行，水质自动站采排水单元设施每年至少进行4次保养检修。

②检查采水设施是否正常，对采水设施进行必要的清洁和保养。

③检查采样水泵工作状态、连接线路接口的防水情况、水泵与管路接口的固定情况，并进行必要的维护和保养。

④维护保养地埋采样管路、采样线路维修井；维护保养架空采样实施固定部件。

⑤做好保养检修工作记录，重要的工作内容拍照留档。

5 水站若发生火情，运维人员应如何处理？

答：发生火情时，运维人员应临危不惧，冷静沉着，及时采取灭火措施，防止火势扩张。应立即切断电源，用湿布或湿棉布覆盖火源灭火，若火势较猛，应根据具体情况选用合适的灭火器进行灭火，并立即与有关部门联系，请求支援。

6 触电的急救方法是什么？

答：有人触电时，应立即切断电源或设法使触电人员脱离电源，患者呼吸停止或心脏停跳时，应立即实行人工呼吸或心脏按摩。特别注意：当出现假死现象时，千万不能放弃抢救，应尽快送往医院救治。

7 预防化学烧伤与玻璃割伤的注意事项有哪些？

答：使用腐蚀刺激性药品时，如取用强酸、强碱时，应佩戴橡皮手套和防护眼镜；稀释硫酸时，必须在耐热容器内进行，并在不断搅拌下慢慢地将浓硫酸加入水中，绝对不能将水加入到浓硫酸中。装配或拆卸玻璃仪器装置时，要小心进行，防备玻璃仪器破损伤手。

8 水站运维人员应遵守的一般规则包含哪些内容？

答：①运维人员必须认真学习仪器操作规程和有关的安全技术规程，了解仪器设备的性能及操作中可能发生事故的原因，掌握预防和处理事故的方法。

②禁止在水站吸烟、进食、喝茶、饮水，不能用实验器皿盛放食物，不能在实验室的冰箱内存放食物。

③严禁在水站喧哗打闹，保持水站秩序井然。

④运维人员工作时应穿工作服，不能光脚或穿拖鞋进水站。采水口周边工作时，应穿戴救生衣。

⑤运维人员应具有安全用电、防火灭火等基本安全常识。

⑥每日巡检工作完毕时，应检查水、电、气等安全后，锁好水站房门。

三、文化建设

1 国控水站统一标志标识的基本要求是什么?

答：国家地表水监测事权上涉及的所有新建和已建水站站房外，应统一设置水站标志牌、简介牌和 LOGO，各地按照生态环境部统一要求自行组织制作，并悬挂于指定位置，见图 2-58。

图 2-58 水站统一标志牌

2 水站内部展示基本要求是什么?

答：国家地表水监测事权上涉及的所有新建和已建水站站房内，应统一设置站点流域表征图、运维管理体系图、水站系统流程图。其中，流域表征图和运维管理体系图由总站提供基础素材，水站系统流程图由中标的第三方运维公司提供基础素材，各地根据基础素材，结合站房内部装修布局，自行设计、制作、悬挂，水站内部见图 2-59。

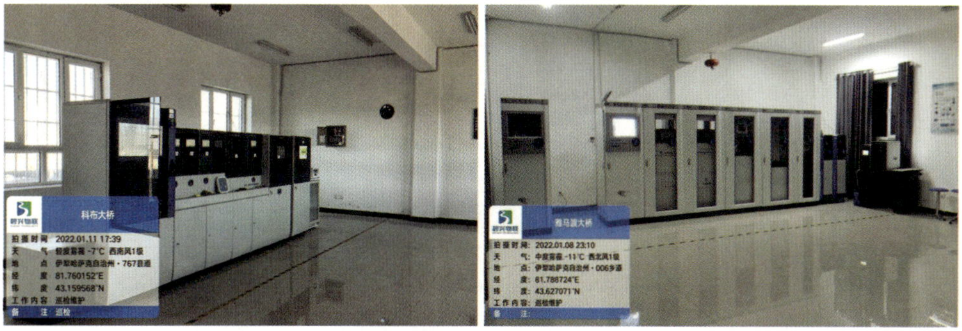

图 2-59 水站内部展示

3 水站系统流程图的要求是什么?

答：水站系统流程图要简明形象，且与在用分析仪器设备流程相符，应包括采配水单元、检测单元、数据采集与传输单元、控制单元等所有关键模块，并突出系统整体运行流程，见图 2-60。

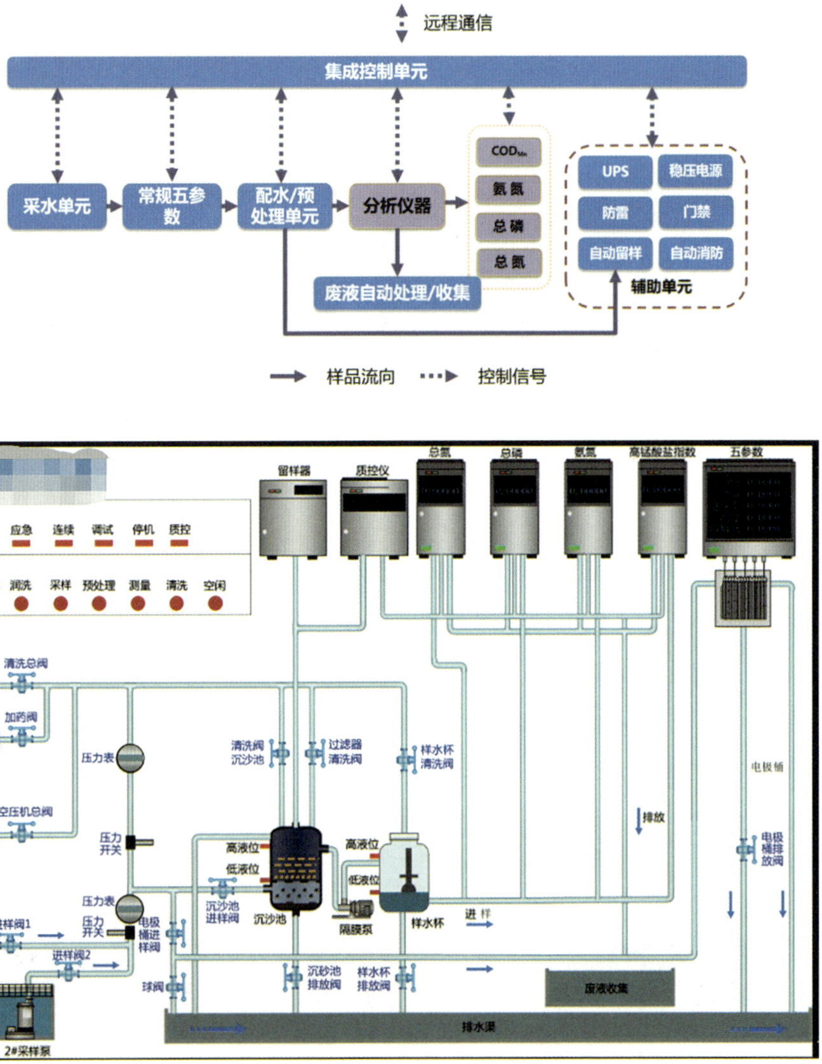

图 2-60 水站系统流程图

4 站点流域表征图的要求是什么?

答：站点流域表征图应清晰反映流域站点布设情况，重点突出该水站在流域中的空间位置，见图 2-61。

图 2-61 站点流域表征

5 运维管理体系图的要求是什么?

答：运维管理体系图包括岗位责任制度图、安全责任制度图、应急管理制度图、维护保养制度图等。每张图的内容都应简明扼要，明确要求、职责即可，见图 2-62。

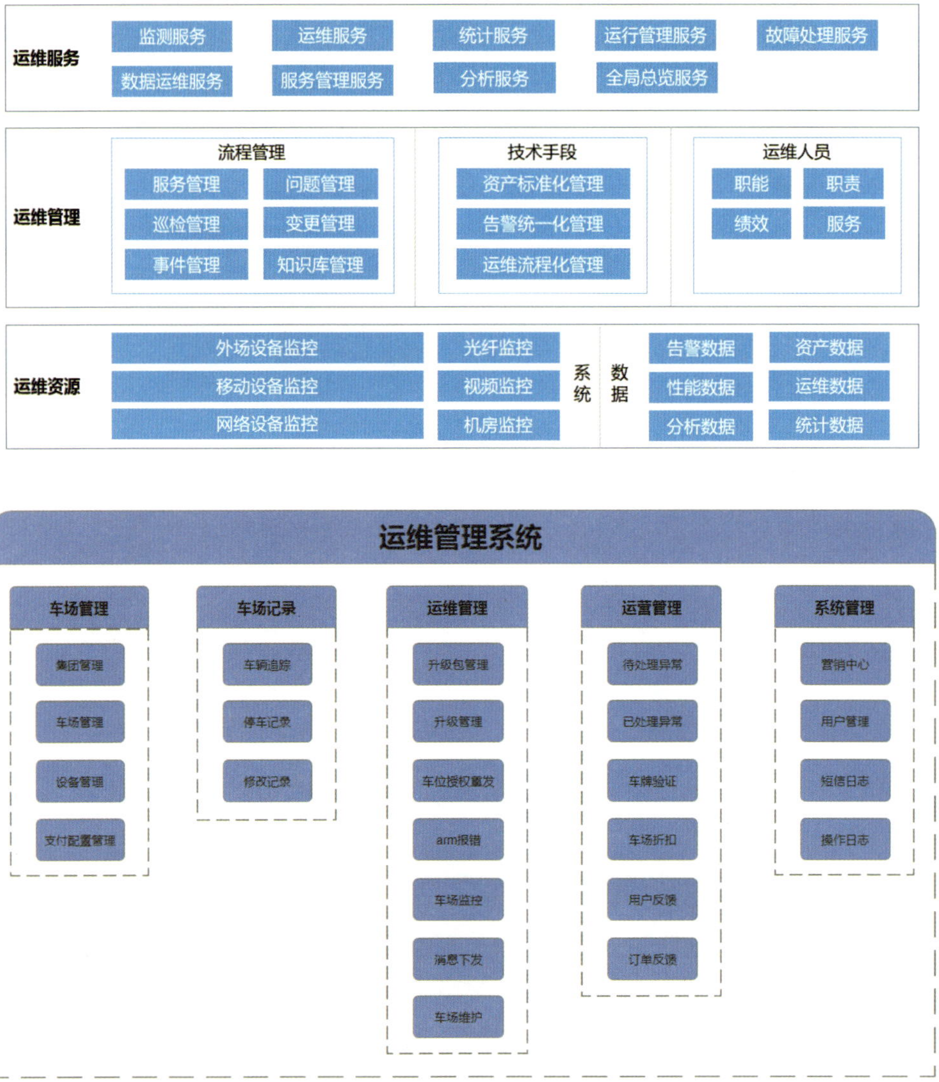

图 2-62 运维管理体系

第九章

内部质控

第一节 日质控

1 水站日质控跨度值如何确定?

答：当监测项目的水质类别为Ⅰ～Ⅱ类时，跨度值通常采用Ⅱ类水质标准限值的2倍；为Ⅲ～Ⅴ类时，跨度值通常采用水质类别标准限值的2倍；总磷（湖、库）Ⅰ～Ⅲ类水跨度值通常为0.2mg/L；当监测项目无水质标准限值时，跨度值为监测项目上一周水质平均值的2倍。

2 零点核查液浓度如何确定?

答：监测仪器零点核查液浓度为跨度值0～20%的标准溶液。

3 跨度核查液浓度如何确定?

答：监测仪器跨度核查液浓度为跨度值20%～80%的标准溶液。

4 24小时零点漂移的定义是什么?

答：监测仪器以24小时为周期，测试浓度为跨度值0～20%的标准溶液时，仪器指示值在24小时前后的变化。

5 24 小时跨度漂移的定义是什么？

答：监测仪器以 24 小时为周期，测试浓度为跨度值 20% ～ 80% 的标准溶液，仪器指示值在 24 小时前后的变化。

6 氨氮、高锰酸盐指数、总磷、总氮日质控技术要求是什么？

四参数的日质控技术要求见表 2-5。

表 2-5 四参数的日质控技术要求

<table>
<tr><td colspan="2" rowspan="2">质控措施</td><td colspan="5">技术要求</td></tr>
<tr><td colspan="2">高锰酸盐指数</td><td>氨氮</td><td>总磷</td><td>总氮</td></tr>
<tr><td rowspan="2">零点核查</td><td>Ⅰ～Ⅲ类水体</td><td colspan="2">±1.0mg/L</td><td>±0.2mg/L</td><td>±0.02mg/L</td><td>±0.3mg/L</td></tr>
<tr><td>Ⅳ～劣Ⅴ类水体</td><td colspan="5">±5%FS(跨度范围最大值)</td></tr>
<tr><td colspan="2">24 小时零点漂移</td><td colspan="2">±10%</td><td colspan="3">±5%</td></tr>
<tr><td colspan="2">跨度核查</td><td>±10%（非浮船站）</td><td>±15%（浮船站）</td><td colspan="3">±10%</td></tr>
<tr><td colspan="2">24 小时跨度漂移</td><td>±10%（非浮船站）</td><td>±15%（浮船站）</td><td colspan="3">±10%</td></tr>
</table>

7 某河流断面常年四参数水质数据范围分别为高锰酸盐指数 2.0 ～ 4.0mg/L、总氮 2.01 ～ 3.00mg/L、氨氮 0.500 ～ 0.900mg/L、总磷 0.100 ～ 0.180mg/L，pH7.0 ～ 8.0。若总氮不作为评价指标，该站水质类别为几类水？按照国家地表水运维技术规范，该断面监测仪器如何设置日质控跨度值与跨度核查标液浓度？需要完成哪些月质控？

答：①若总氮不作为评价指标，该站水质类别为Ⅲ类；

②高锰酸盐指数跨度值设置为 8mg/L，跨度核查标液浓度可设置为 1.6 ～ 6.4mg/L；总氮跨度值设置为 6mg/L 跨度核查标液浓度可设置为 1.2 ～ 4.8mg/L；氨氮跨度值设置为 2mg/L，跨度核查标液浓度可设置为 0.4 ～ 1.6mg/L；总磷跨度值设置为 0.4mg/L，跨度核查标液浓度可设置为 0.08 ～ 0.32mg/L；

③月质控需要完成多点线性核查、集成干预测试、实际水样比对和加标回收测试。

第二节　周核查

1 周核查的时间要求是什么?

答：每月 1—7 日、8—14 日、15—22 日、23 日—月底，每次周核查与前 1 次间隔时间不得小于 4 天。

2 常规五参数质控技术要求是什么?

常规五参数质控技术要求见表 2-6。

表 2-6 常规五参数质控技术要求

监测项目	技术要求	
	标准溶液考核	
水温	/	
pH	±0.15	
溶解氧	±0.3mg/L	
电导率	标准溶液值＞ 100μS/cm	±5%
	标准溶液值≤ 100μS/cm	±5μS/cm
浊度	浊度≤ 30NTU 或浊度≥ 1 000NTU	不考核
	30NTU ＜浊度≤ 50NTU	±15%
	50NTU ＜浊度＜ 1 000NTU	±10%

3 除水温外的其他四参数周核查标液选择要求是什么?

答：①pH 选用 25℃时 pH 为 4.01、6.86、9.18 左右的标准 pH 缓冲溶液进行核查，每月至少应使用 2 种不同浓度的标准溶液进行核查；

②溶解氧每月应进行无氧水核查和空气中饱和溶解氧核查；

③电导率和浊度每月应采用与监测断面水质监测项目浓度相接近的标准溶液及其 2 倍左右浓度标准溶液进行核查。

4 五参数周核查后数据突变应该如何核实?

答：需至少用 2 种不同浓度的标准溶液进行核查校准，同时用便携仪进行现场比对，做好相关记录，并提交情况说明或异常报告。

第三节　月比对

一、多点线性核查

1　多点线性核查的定义是什么？

答：水质自动分析仪依次测试均匀覆盖跨度范围内的 4 种浓度的标准溶液，根据测试结果进行线性拟合，是一种判断仪器可靠性的措施。

2　哪些参数需要做多点线性？

答：氨氮、高锰酸盐指数、总磷、总氮、叶绿素 a、蓝绿藻密度。

3　四参数多点线性核查技术要求是什么？

答：核查标液浓度≤ 20% FS 时，范围要求参照零点核查技术要求（表 2-5）；核查标液浓度＞ 20%FS 时，仪器示值相对误差范围为 ±10%。相关系数 r 应≥ 0.98。

4　叶绿素 a、蓝绿藻密度多点线性核查技术要求是什么？

答：零点绝对误差应≤ 3 倍检出限，其他点相对误差绝对值应≤ 5%，线性相关系数 r 应≥ 0.993。

5　现场进行多点线性核查前能否进行仪器校准？如果不能，正确的操作流程是什么？

答：否。如使用当日零点核查与跨度核查测试值作为多点线性的第 1 个点和第 4 个点时，仪器校准后斜率、截距会发生变化，进行第 2 点测试时，斜率、截距与第 1 点不是同一曲线生成的测量值。如果校准了仪器，正确的操作流程是先进行零点核查和跨度核查，再进行第 2 点、第 3 点测试，保证 4 个测试点均在同一曲线上。

二、集成干预核查

1 集成干预检查的定义及意义是什么?

答: 系统开始采水时在采水口处人工采集水样，经预处理后，取上清液，摇匀，直接经监测仪器测试，与系统自动监测的结果进行比对，用于检查系统集成对水样代表性的影响。

2 集成干预检查的技术要求是什么?

答：经预处理后，取上清液，摇匀，直接经监测仪器测试，与系统自动监测的结果进行比对，结果的相对误差应在 ±10% 范围内。

3 水站系统集成对监测数据的影响因素主要有哪些?

答：①采水单元：采水深度、采水管路长度、采水管路伴热带、采水管路清洗残留；

②预处理单元：沉淀时间和过滤孔径；

③控制单元：系统取数时间。

三、实际水样比对

1 实际水样比对测试，采样前需要准备哪些采样器具?

答：水质采样器具、静置用容器、样品瓶、样品冷藏设备、密封条、标签、绳索、具备拍照功能的电子设备、救生衣等。冰封期采样根据具体情况还需准备冰钎、电动钻冰机或手摇冰钻等。

2 实际水样比对测试中，现场采样的基本要求及洗瓶方式都有哪些?

答：应根据任务要求制订监测方案或采样计划，明确监测点位、监测项目和监测方法等内容。可使用地理信息定位、照相或录音录像等辅助手段，保证采样信息真实客观，采样过程可追溯。采样应至少有两名监测人员在场。采样瓶清洗方式见表 2-7。

表 2-7 采样瓶清洗方式

监测项目	采样瓶清洗方式	
高锰酸盐指数、氨氮、总氮	Ⅰ类洗涤方式	洗涤剂洗 1 次，自来水 3 次，蒸馏水 1 次
总磷	Ⅴ类洗涤方式	铬酸洗液 洗 1 次，自来水洗 3 次，蒸馏水洗 1 次

3 冰封期监测断面采集水样时注意哪些事项?

答：①在确保安全条件下，进行钻冰采样；

②无论采用什么方式钻冰孔，都应采取措施避免所采样品受钻冰影响而沾污，从而影响样品代表性；

③破开冰面后，观察水体是否为活水，如有水涌出，需进行采样，否则不采样，但需拍照并做好记录，按相关规定上报；

④水体封冻时，应采集冰下水深 0.5m 处的水样，若水深小于 0.5m，可在冰下水深 1/2 处采样；

⑤在符合相关标准要求的情况下，尽量选择聚乙烯容器盛装水样；

⑥采样时，如果环境温度过低，样品进入容器内即结冰，可不用样品荡洗容器；

⑦建议在采样前将固定剂提前加入样品瓶中，防止水样倒入容器后因冻冰而导致无法与固定剂混匀；

⑧由于天气原因溶解氧无法在现场测定时，可采用实验室的方法进行分析。

冰封期监测断面的采水口见图 2-63。

图 2-63 冰封期监测断面的采水口

4 受潮汐影响的监测断面采集水样的要求有哪些？

答：为保证采样安全，一般应根据潮汐变化，选择日间涨退潮时间完成采样。监测断面应选在涨平潮位和退平潮位。除表层（水面下 0.5m 处）样品外，采集分层或底层（5 ～ 10m 的水底上 0.5m）样品时，盐度大于 2 的水样不参与统计。若退平潮位的采集水样盐度均大于 2 时，应考虑调整断面位置。

5 样品采集后的保存及运输要求是什么？

样品采集后的保存及运输要求见表 2-8。

表 2-8 样品采集后的保存及运输要求

监测项目	采样瓶要求		运输及保存要求	固定剂及用量	保存有效期
	规格	容积			
高锰酸盐指数	棕色高硼硅玻璃	1L	0 ～ 5℃、避光	加入浓硫酸，调节样品 pH ≤ 2	2d
总氮					7d
氨氮					7d
总磷		500mL		不添加	24h

6 水样标签和采样记录注意事项是什么？

答：①采样过程应使用水印相机记录现场关键环节，应包含采样、沉降、分装、添加固定剂等，水印照片应体现站点名称、采样时间、经纬度等；

②每一份样品都应附 1 张完整的水样标签。水样标签应事先设计打印，标签内容至少包含“监测项目”“项目唯一性编号”“采样人员”“采样完成时间”（精确到小时）等信息；

③应及时将采样现场情况记录于现场采样记录表中。采样记录填写信息至少包含“站点名称”“采样时间”“采样人”“样品类别”“采样位置”“环境温度”“大气压”“仪器名称及型号”“监测结果”等。

7 实际水样比对中水温比对时的注意事项有哪些？

答：①按照仪器使用说明书编写水温测定操作规程，便于现场监测人员使用；

②当现场气温高于 35℃或低于 −30℃时，表层温度计在水中的停留时间要

适当延长，以达到温度平衡；

③在冬季，东北地区表层温度计读数应在 3s 内完成，否则表层温度计表面形成一层薄冰，影响读数的准确性；

④表层温度计应在检定有效期内使用；

⑤监测人员需要经过培训、考核合格后方可上岗。

8 实际水样比对时常规五参数技术要求是什么？

实际水样比对五参数技术要求见表 2-9。

表 2-9 实际水样比对五参数技术要求

监测项目	技术要求	
	实际水样比对	
水温	±0.5 ℃	
pH	±0.5	
溶解氧	±0.8mg/L	
	溶解氧过饱和时不考核	
电导率	电导率＞ 100μS/cm	±10%
	电导率≤ 100μS/cm	±10μS/cm
浊度	浊度≤ 30NTU 或浊度≥ 1 000NTU	不考核
	30NTU ＜浊度≤ 50NTU	±30%
	50NTU ＜浊度＜ 1 000NTU	±20%

9 高锰酸盐指数、氨氮、总磷、总氮实际水样比对的技术要求是什么？

答：当 $C_x > B_{\text{IV}}$ 时，相对误差≤ 20%；当 $B_{\text{II}} <$，$C_x < B_{\text{IV}}$，相对误差≤ 30%；当 $C_x \leq B_{\text{I}}$ 时，相对误差≤ 40%。除湖库总磷外，当自动监测结果和实验室分析结果均低于 B_{II} 时，认定比对实验结果合格。当湖库总磷自动监测结果和实验室分析结果均低于 B_{III} 时，认定比对实验结果合格。

注：① C_x 为实验室分析结果；② B 为《地表水环境质量标准》（GB 3838—2002）规定的水质类别限值；③总氮河流无水质类别标准，可参考湖库标准。

10 水站实际水样比对中，原位取水时，水温比对测试的要求是什么？

答：采样点位距离自动站采水点不超过 1m，在周期启动时间点取水，采水深度应位于水下 0.5m，使用排空式采样器取水，沿壁装入水样桶中，避免曝气；采集一定数量的水样后，将水温计放入水样桶中，感温 5min 后，迅速上提并立即读数；从水温计离开水面至读数完毕应不超过 20s，读数完毕后，记录数据，将桶内水倒净；水样采集完毕后尽快测试，避免温度测定不准确。

11 实际水样比对中，沉砂池取水测试时，水温比对测试的要求是什么？

答：于沉砂池水箱停止上水时将水温计放入沉砂池中间部位，感温 5min 后，迅速上提并立即读数；从水温计离开水面至读数完毕应不超过 20s，读数完毕后，记录数据。

12 哪些情况需要开展溶解氧现场比对工作？

答：①溶解氧 4 小时均值连续 3 次低于或超出前 3 天均值的 75%。

②溶解氧超饱和。大周期连续 2 组或小周期连续 4 组溶解氧监测数据高于 15 mg/L。

③溶解氧劣 V 类。大周期连续 2 组或小周期连续 4 组溶解氧监测数据低于 3 mg/L。

④非饱和状态下，大周期连续 2 组或小周期连续 4 组溶解氧监测数据出现断崖式（波动幅度超过 2 mg/L）、连续波动 。

⑤感潮断面以及受水草、浮游微生物光合作用、呼吸作用等导致溶解氧昼夜变化大的国控水站，每月核实 1 次或根据三级数据审核员要求开展比对工作。

13 国家水站实际水样比对样品采集技术要求是什么？

答：①现场采集的原水样品不得少于 10L，如果沉降后不能满足取样量要求，应适当增加采样量。原水样品水量需要至少满足高锰酸盐指数、氨氮、总磷和总氮 4 个项目分析所需水量。

②实际水样比对采样时，四参数均需采集全程序空白样品和现场平行样品。

③除总磷外其他监测项目采集的水样应先经 63μm 筛网过滤，然后沉降 30min，最后采用虹吸方式取上清液进行样品分装和保存。

④一般水体总磷沉降 30min，采用虹吸方式取上清液进行样品分装和保存；多泥沙水体，浊度≤ 200NTU，总磷沉降 30min，200NTU ＜浊度≤ 500 NTU，总磷沉降 60min，浊度＞ 500NTU，总磷按 2 000r/min，离心 2min，最后采用虹吸方式取上清液进行样品分装和保存；感潮河段，浊度≤ 200NTU，总磷沉降 30min，浊度＞ 200NTU，总磷按 2 000r/min，离心 1min，最后采用虹吸方式取上清液进行样品分装和保存。

四、加标回收率

1 加标回收率的定义是什么?

答：仪器进行 1 次实际水样测定后，对同一样品加入一定量的标准溶液，仪器测试加标后样品，以加标前后水样的测定值变化计算回收率。

$$加标回收率 = (加标试样测定值 - 试样测定值) \div 加标量 \times 100\%$$

2 加标回收测试的计算及合格要求是什么?

答：加标测试需选用标准溶液母液配制标准加标液，测试与水样数据的回收误差；使用加标后的测试值减去水样测试值除以加标的理论值，回收率要求为 80% ～ 120%。其中母液需按照选取量与取样体积、定容体积进行计算加标后的理论浓度，取样体积不得大于定容体积的 1%，配制理论浓度需是水样浓度的 0.5 ～ 3 倍。

3 加标回收率测试不合格原因及处理方式?

答：①检查加标池进水样是否有问题：

a. 检查加标池进水是否正常；若不正常可能为管路破损，进液将达不到要求容量，或夹阀故障，或进水管路堵塞；

b. 加标池进液正常且满足需要的容量，但进水停止后加标池液位开始下降。

可能为加标池排液管破损，排液阀故障。

②加标池进水正常且液位不下降，但加标测试不通过：

a. 加标母液存在质量问题；

b. 加标母液进液小于设置值，可能为计量问题；

c. 加标池填充母液后搅拌不充分，检查搅拌单元是否故障；

d. 抽取加标样时抽取量不足，检查管路是否破损或堵塞。

五、盲样考核

1 目前水站盲样考核有哪些项目?

答：盲样考核项目有 pH、氨氮、高锰酸盐指数、总磷、总氮五个参数。

2 国家水站盲样考核流程是什么?

答：①总站每月通过平台对每个包件随机抽取一定比例的站点开展盲样考核，原则上每年覆盖所有国控水站。

②盲样考核分为现场监督考核和视频监督考核两种方式。为及时掌握现场盲样考核情况，可加大现场盲样考核力度，综合评价盲样考核结果。

③总站每月 10 日前完成环境标准样品编码和分发，并将环境标准样品信息录入平台。如遇特殊情况，盲样发放与报送时间由总站另行通知。

④各国控水站运维机构须积极配合国控水站盲样考核工作，按规范要求对环境标准样品进行配制，于每月 25 日前通过平台完成盲样考核测试，考核测试结果需在当日自动上传平台。

⑤盲样考核不合格的国控水站，运维机构应分析不合格原因，将仪器设备维护后重新测试样品，并通过平台上报不合格原因分析报告。

⑥采用现场盲样考核方式时，应登记盲样批次和编号，考核双方对考核结果签字确认。如遇仪器故障，国控水站运维机构可申请 48h 内修复仪器后开展盲样考核或次月开展盲样考核。

⑦如遇平台、网络故障等不可抗力因素影响盲样考核，国控水站运维机构须及时向总站报告，由总站协调处理。

3 总站发放的盲样在运输过程中出现样品丢失、缺失、破损等情况，运维机构应如何处理？

答：运输过程中出现样品丢失、缺失、破损等情况，国控水站运维机构应及时告知总站，由总站重新补发。样品配制至仪器分析过程中出现人为操作失误导致考核失败，按考核不合格处理。

4 水站盲样考核技术要求是什么？

答：pH 绝对误差≤ ±0.15 、氨氮相对误差≤ ±15%、总磷相对误差≤ ±15% 、高锰酸盐指数相对误差≤ ±20%、总氮相对误差≤ ±20%。

5 用于考核水站的盲样，在选择浓度时有什么要求？

答：①国控水站每月采用同一来源样品进行盲样考核，由总站统一配发；

②氨氮、高锰酸盐指数和总磷考核盲样浓度应高于或接近河流Ⅱ类水标准；总氮盲样浓度应高于或接近湖库Ⅳ类水标准。

6 水站每月盲样常态化考核的结果对运维机构的要求及影响有哪些？

答：①总站每月通过平台对各包件盲样考核结果进行统计，计算各包件考核站点 pH、氨氮、高锰酸盐指数、总磷和总氮的合格率；

②对于盲样考核不合格的参数，该水站该参数当月运维费全部扣除；

③总站定期对盲样考核结果进行通报。各运维机构须遵守保密协议，未经总站许可，不得向任何个人或机构公布盲样考核结果。

7 盲样测试未通过或不合格的常见原因有哪些？

答：①运维人员盲样配制及仪器操作不规范；

②有证标准物质来源不同；

③现场仪器故障或运行不稳定等；

④盲样浓度与仪器当前量程出入较大。

第十章

外部质控

1 运维人员如何正确使用远程软件?

答：运维人员因工作需要，需在工控机上安装远程软件开展运维工作的，在“国家水质自动综合监管平台”上报备，内容应包括使用远程软件目的、安装远程软件时间与卸载时间。

2 常用的远程软件有哪些?

答：常见的远程软件有向日葵、钉钉、QQ、TeamViewer 及其他具备远程控制功能的软件。

3 举例说明哪些属于“虚假开展 pH、电导率周核查”的行为?

答：①运维人员采用水样代替有证标准物质开展 pH、电导率周核查；

②运维人员采用过期的有证标准物质开展 pH、电导率周核查；

③运维人员未开展 pH、电导率核查工作，但在平台上填报运维核查记录。

4 运维体系的规范性检查一般包括哪些内容?

答：运维体系的规范性检查一般以现场检查、视频抽查等方式进行。其内容包括对采水口（不含水下设施）及其周边环境、站房环境、采水系统、仪器设备检定 / 校准和维护情况、日常质控 / 核查工作情况、废液处置情况、人员持证上岗情况及水站运行制度等体系文件制定情况的检查。

5 运维人员接到运维检查通知后是否可进入站房？

答：监督检查应提前 24 小时通知国控水站运维人员，其中浮船站需提前 72 小时通知，飞行检查的站点当天通知。接到检查通知后，运维人员不得无故进入站房开展运维。如确因运维工作或其他工作需要，应在相关群组提前报备通知，且不得操作与报备内容不符的工作；如现场情况发生变化，需要现场及时报备，采取“一事一报备”的形式后方可开展必要的运维维护。

6 运维检查中的原则性问题主要有哪些?

答：①人为改变河流 / 湖泊现状、水体环境、采水口位置；

②擅自更改仪器关键参数设置，关键参数包括消解温度、消解时间、斜率与截距（斜率与截距应仪器自动生成、在合理范围内，不得人为手动更改），且关键参数应与平台备案一致；

③虚假填写运维工单，干扰监测数据质量；

④改变原水水质，干扰监测数据质量；

⑤在仪器设备上安装有不允许的插件或远程控制软件；

⑥人为干扰检查。

7 针对国控水站在《环境监测数据弄虚作假行为判定及处理办法》中故意改动、干扰仪器设备的环境条件或运行状态，或者删除、修改、增加、干扰监测设备中存储、处理、传输的数据和应用程序，或者人为使用试剂、标样干扰仪器的规定，开展自查的要点主要有哪些?

答：①检查各仪器参数备案、关键参数匹配是否与平台备案一致，重点检查备案的合理性和覆盖范围的准确性；

②检查各仪器核查质控样品与水样分析是否在同一曲线，在同一曲线的情况下截距斜率是否一致；

③检查系统和仪器运行状态过程日志上传是否正常合理；

④检查仪器设备系统上传关键参数是否合理，反算是否匹配；

⑤检查是否存在虚假校准情况；

⑥检查外部采水区域是否存在干扰监测情况；

⑦检查是否存在稀释水、稀释样品情况。

8 溶解氧超标应当如何进行排查？

答：①水体中溶解氧和水温有明显的负相关关系，温度每升高3℃，溶解氧约下降10%，因此在夏季水体中溶解氧容易出现超标情况；

②当溶解氧出现超标时，需要携带便携式仪表进行比对，比对位置包括五参数检测池以及原位，如果比对结果均合格，则表明水体溶解氧确实超标；

③如果原位比对不合格，需要进一步排查影响自动站溶解氧不合格的原因，包括采水管路，采水管路过长，采水管路中的藻类以及附着的贝类等会消耗溶解氧，导致自动站测量偏低；

④查看断面采水点的水生生物的影响，水生生物的光合作用和呼吸作用也会对溶解氧产生影响，当光照比较强时，生物进行光合作用，产生氧气，溶解氧升高，当晚上没有光照时，生物进行呼吸作用，消耗水体氧气，溶解氧降低；

⑤降雨影响，如果出现降雨情况，地表径流会对溶解氧产生影响，强降雨引起的径流冲刷携带大量地面污染源进入河道，也会导致溶解氧超标。

溶解氧单独定类时，需进行沉砂池比对和原位比对。

①沉砂池比对

a.将溶解氧电极投入沉砂池中，达到待测深度，测试值稳定后（10s内变化不超过0.1mg/L）连续测试3组（测试1组后，溶解氧便携电极提出水面，待溶解氧电极在空气中数据稳定后，再次放入水样中测试，以此方式测试2组）取均值填写记录表；

b.比对不合格应立刻查找原因，维护后再次比对，同时反馈现场采取的相关整改措施；

c.比对结果及仪器校准结果均应使用水印相机拍照并上传至当日巡检工单中。

②原位比对

a. 将溶解氧电极投入待测水体中，测试值稳定后（10 s 内变化不超过 0.1mg/L），连续测试 3 组（同沉砂池比对操作）取 3 组测试均值填写记录表；

b. 比对不合格应立刻查找原因，排查系统管路、采水位置等关键环节，解决后再次比对直至合格，同时反馈现场采取的相关整改措施；

c. 比对结果及仪器校准结果均应使用水印相机拍照并上传至当日巡检工单中。

第十一章

技术问答

1 水质监测断面藻类如何引起水体溶解氧含量变化?

答：光照下，藻类的光合作用释放出的氧气导致水中溶解氧偏高。如果没有光照的情况，水中的藻类会大量消耗氧气，使水中溶解氧急剧降低。

2 能否用溶解氧便携仪测定海水中的溶解氧?

答：没有盐度校正的便携式溶解氧仪不能用于海水溶解氧测定，因为海水盐度高，会使监测结果偏低。但有的便携式溶解氧仪同时具有水中盐度的测量功能，可先测出海水总盐度，再将仪器调换至盐度档测定溶解氧，此时得出自动校正盐度后的溶解氧值。

3 导致水体溶解氧出现过饱和现象的原因有哪些?

答：水体溶解氧过饱和现象通常出现在温度较高、有光照和富营养化比较明显的水体中，水中营养物质增多，会促使自养型生物旺盛生长，某些种类的藻类数量迅速增加。藻类生长和繁殖过程中进行光合作用，会释放出大量氧气，造成水体表层溶解氧短时内处于饱和或过饱和状态。

另外，在北方冬季，虽然温度降低造成藻类活动减弱，但因为水面冰封，溶解氧缺乏有效释放渠道，某些水体尤其是湖库，普遍会出现溶解氧过饱和情况，甚至出现超出自动仪器量程的情况。一般情况下，这种过饱和情况会持续较长时间，直至第 2 年化冰期到来。

4 藻类光合作用对 pH 的影响?

答：因为水体中藻类在光合作用过程中吸收水中溶解的 CO_2，CO_2 是酸性气体，水体中 CO_2 减少导致 pH 呈上升趋势，见图 2-64。

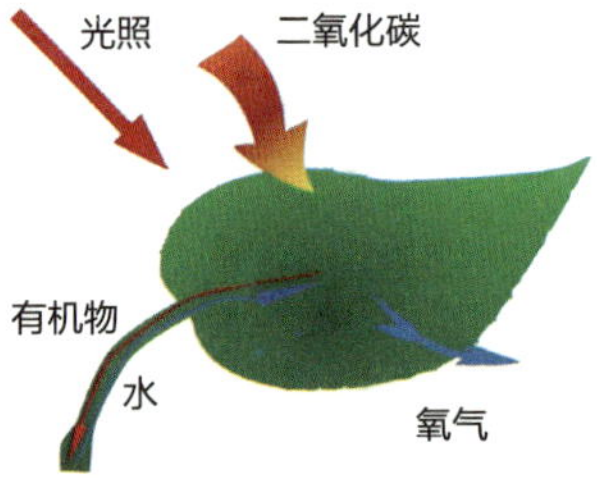

图 2-64 植物光合作用原理

5 $y=bx+a$ 中，a 值比较高如何解释?

答：a 值比较高说明空白比较高，应找出引起空白偏高的原因加以消除。应检查实验器皿是否洗涤干净、实验用水的空白情况有无异常，以及使用的试剂是否符合要求等。

6 简述朗伯—比尔定律的基本内容。

答：朗伯—比尔定律是比色分析的理论基础，也被称为光的吸收定律，即当一束平行单色光垂直通过某个均匀非散射的稀溶液时，溶液的吸光度与吸光物质浓度和液层厚度成正比，见图 2-65。

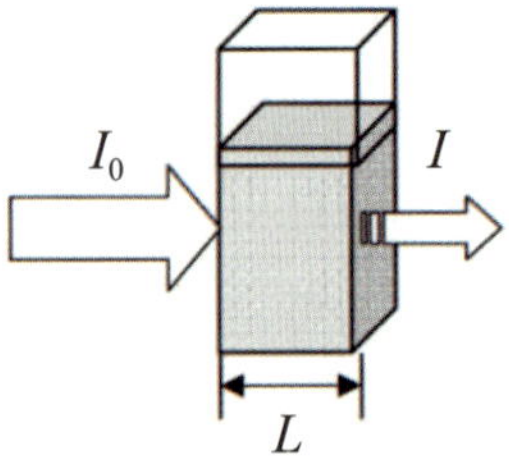

图 2-65 朗伯—比尔定律原理

7 水质氨氮测试常用的分析方法有哪些?

答：纳氏试剂分光光度法、水杨酸分光光度法、氨气敏电极法。

8 如何转移与量取液体试剂?

答：先将试剂瓶塞反放置桌面上，倾斜试剂瓶，沿着干净的玻璃棒把液体注入烧杯内，再把瓶塞盖好。定量取用时，可用量筒、量杯或移液管。

9 容量瓶如何试漏?

答：在瓶内装入纯水到标线处，盖上塞，手按住塞倒立容量瓶，观察瓶口是否有水渗出，如果不漏液，把瓶直立后转动瓶塞约 180° 后重复以上操作，看是否漏液。

10 高锰酸钾标准溶液为什么不能直接配制，而需标定?

答：高锰酸钾试剂中含有少量的二氧化锰，而且蒸馏水中也常含有还原性物质，能使高锰酸钾还原，且还原产物能促使高锰酸钾自身分解，所以高锰酸钾标准溶液不能直接配制，需标定。

11 为什么水样中含有氯离子时，使高锰酸盐指数（酸性法）偏高?

答：水中含有氯离子，在酸性条件下测定高锰酸盐指数时，氯离子也能被高锰酸钾氧化，从而使测定结果偏高。

12 影响显色反应的因素有哪几方面?

答：显色剂用量、氢离子浓度、显色温度、显色时间、共存离子的干扰。

13 如何配制（2+3）硝酸溶液?

答：（2+3）硝酸溶液表示：将 2 份体积的硝酸溶液加至 3 份体积的水中，总份数为 5。若配制体积为 1 000mL 的（2+3）硝酸溶液，则每份的体积为：配制总体积 / 总份数 =1 000/（2+3）=200（mL），则硝酸的加入量为

200mL×2=400mL，水的加入量为 200mL×3 =600ml。

14 富营养化湖泊水样样品测定氨氮、硝态氮和亚硝态氮的结果并不高，但总氮却明显超标，试分析原因?

答：因为总氮是三氮（氨氮、硝态氮、亚硝态氮）与有机氮之和，富营养化水体中有机氮含量较高，使总氮超标。

15 水站监测数据显示氨氮大于总氮，是否合理？简述原因。

答：不合理，因为总氮是氨氮、硝态氮、亚硝态氮、有机氮之和，因此不会出现氨氮大于总氮的情况，运维人员应排查仪器原因。

16 简述什么是消解。

答：消解又叫湿法消化，是用酸液或碱液在加热条件下破坏样品中的有机物或还原性物质的方法。

17 什么是有证标准物质?

答：有证标准物质（Certified Reference Material, CRM），指附有证书的标准物质，其一种或多种特性值用建立了溯源性的程序确定，使之可溯源到准确复现的用于表示该特性值的计量单位，而且每个标准值都附有给定置信水平的不确定度。

18 水站常用于现场测试的定类指标便携仪器设备有哪些?

答：便携式溶解氧仪、便携式酸度计。

DI-SAN PIAN
SHUJU SHENHE JI PINGJIA PIAN

第三篇　数据审核及评价篇

数据质量是环境监测的生命线。国家地表水自动监测网络构建了全过程、全要素、全链条的质控管理体系，切实保证了水质自动监测数据的客观、真实与准确，为环境管理决策和深入打好污染防治攻坚战提供了有力的技术支撑。

国控水站监测数据有着严格的审核流程设计，实行平台智能审核与人工三级审核相结合的模式。通过严密的运维质控与严格的数据审核，真正做到了监测数据的“保真”与“打假”两手抓、两手硬，切实保证入库数据真实、有效。

影响地表水环境质量自动监测数据有效性的因素很多，既有仪器或系统等方面的原因，也有人为或自然的影响。本篇的内容包括数据审核的基本知识、审核技巧和案例分析，同时，也涉及《“十四五”国家地表水监测及评价方案》（试行）相关知识，有助于各级数据审核人员更好地学习审核知识和提高审核能力。

1 《国家地表水水质自动监测数据审核管理办法（试行）》中对一级审核的要求是什么?

答：一级审核由运维机构对原始数据进行审核，结合水站现场运行情况，对系统自动预审的结果进行确认，对异常数据及时响应与核实，针对无效数据进行标记，并说明原因。

①因仪器设备故障导致的数据无效，须详细说明原因（如水泵故障、采水故障等），并提交相关佐证材料；对异常数据应及时进行确认，并提交相关佐证材料；

②若出现监测数据异常超标、超量程、突变等异常情况， 运维人员须在规定时间内按照《地表水水质自动监测站运行维护技术要求（试行）》开展数据核实工作，并在 8 小时内上报总站。

2 一级审核人员的时限要求是什么?

答: 自动监测数据: 一级数据审核员每日12时前完成前一日监测数据的审核、平台每日异常数据的核实。针对数据异常突变的情况于 72 小时内提供佐证材料给三级数据审核员或上传至平台。

补测数据：自动仪器补测数据、便携式仪器补测数据须在当日测试完成后录入平台；实验室补测数据须在采样后 7 日内录入平台并审核确认；次月 1 日 8 时前须完成所有补测数据的录入与审核。

3 数据审核期间，数据审核单位及人员有哪些行为的，将交由相关部门依法处理?

答：①存在篡改或者指使篡改数据行为的；

②实施或者强令、指使、授意他人干扰数据审核工作，致使监测数据有效性严重失真的；

③提供虚假佐证材料的；

④其他影响数据有效性判定结果的情形。

4 《国家地表水水质自动监测数据审核技术细则（试行）》第五条，当监测数据出现哪些情况时，平台自动标记为无效数据？

答：①水站停运或维护期间产生的数据；

②水质自动分析仪出现故障时产生的数据；

③带有仪器通信故障、仪器离线、维护调试、缺试剂、缺纯水、缺水样等非正常标识的数据；

④当零点核查、24 小时零点漂移、跨度核查、24 小时跨度漂移中任意一项不满足考核指标要求时，前 24 小时内获取的监测数据；

⑤当常规五参数周质控结果不合格时，此次至上次核查合格期间内获取的监测数据；

⑥因电力、网络故障等原因在月度数据入库后上传的监测数据。

自动标记无效数据界面见图 3-1。

	监测时间	水温(℃)	pH(无量纲)	溶解氧(mg/L)	电导率(μS/cm)	浊度(NTU)	高锰酸盐指数(mg/L)	氨氮(mg/L)	总磷(mg/L)	总氮(mg/L)
	Ⅲ类标准限值		6~9	≥5			6	1	0.2	
1	2022-01-13 00时	9.9	8.20	10.22	261.9	37.5	0.89	0.055	0.043	1.27
2	2022-01-13 01时	9.9	8.19	10.28	261.2	39.0				
3	2022-01-13 02时	9.9	8.19	10.27	260.8	39.1				
4	2022-01-13 03时	9.8	8.19	10.29	262.9	34.5				
5	2022-01-13 04时	9.7	8.20	10.22	264.4	26.8	0.80	0.051	0.042	1.26
6	2022-01-13 05时	9.8	8.19	10.30	263.1	30.3				
7	2022-01-13 06时	9.7	8.19	10.38	260.7	31.9				
8	2022-01-13 07时	9.7	8.18	10.41	259.1	34.3				
9	2022-01-13 08时	9.6	8.19	10.41	258.4	40.4	0.79P	0.045P	0.042P	1.18P
10	2022-01-13 09时	9.8	8.28	10.29	0.8 ?	0.3 ?				
11	2022-01-13 12时	9.6	8.19	10.01	260.8 ?	26.7 ?	0.69	0.045	0.042	1.20
12	2022-01-13 13时	9.7	8.18	10.27	265.7	27.2				
13	2022-01-13 14时	9.7	8.18	10.22	266.3	27.0				
14	2022-01-13 14时						0.67hd	0.041hd	0.040hd	1.22hd
15	2022-01-13 15时	9.7	8.16	10.15	266.0	27.5				
16	2022-01-13 16时	9.7	8.18	10.05	263.4	23.3	0.72	0.061	0.042	1.27
17	2022-01-13 17时	9.8	8.16	10.16	263.8	27.6				
18	2022-01-13 18时	9.8	8.16	10.17	264.5	29.8				
19	2022-01-13 19时	9.8	8.17	10.18	267.3	30.0				
20	2022-01-13 20时	9.9	8.19	10.14	269.0	24.8	0.74	0.056	0.044	1.33
21	2022-01-13 21时	9.9	8.19	10.25	271.5	29.7				

图 3-1 自动标记无效数据界面

5 《国家地表水水质自动监测数据审核技术细则（试行）》第六条，监测数据在何种情况下，平台会自动将其标记为存疑数据？

答：①监测值发生突变（大于上一次监测值的 3 倍及以上或小于上一次监

测值的 1/3 倍及以下）或连续不变（单个指标的测量值连续 3 组无变化）的监测数据；

②监测值为 0 值或负值的监测数据；

③监测值低于仪器检出限的监测数据（氨氮、高锰酸盐指数、总磷和总氮的仪器检出限分别为 0.05 mg/L、0.5 mg/L、0.01 mg/L 和 0.1 mg/L）；

④超量程上限的监测数据；

⑤同时段氨氮大于总氮的监测数据。

6 《国家地表水水质自动监测数据审核技术细则（试行）》第八条，当监测数据出现哪些情况时，判定为无效数据?

答：①水样测试值长期超过跨度核查标准样品浓度值的监测数据；

②仪器更换试剂后至校准完成前所产生的监测数据；

③高锰酸盐指数、氨氮、总磷、总氮在正常监测周期以外上传的监测数据；

④未报备而进行加密监测所产生的数据；

⑤由于仪器或工控机死机等原因导致连续多时段数据重复时，除第 1 组外的其他时段监测数据；

⑥其他不符合运维相关规范要求导致数据有效性严重失真的监测数据。

7 《国家地表水水质自动监测数据审核技术细则（试行）》第九条，在质控合格及监测仪器正常运行时，监测数据出现何种情况，可判定为有效数据?

答：①因背景因素（如高浊度、色度水体等）、自然因素（如降雨、台风、洪涝等）、人为因素（如施工、清淤、闸控等）等原因，且能够真实反映水体水质情况的监测数据；

②符合潮汐变化规律的感潮断面监测数据；

③受水生生物光合作用及呼吸作用影响，产生的 pH 及溶解氧监测数据；

④氨氮和总磷长期在检出限附近，且浓度分别大于 −0.2 mg/L 和 −0.02 mg/L 的监测数据。

氨氮数据趋势变化见图 3-2。

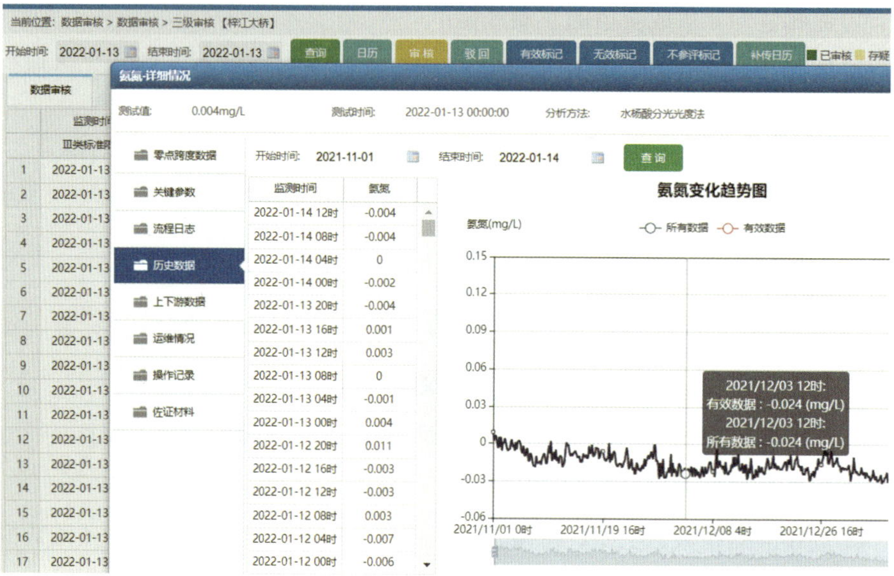

图 3-2 氨氮数据趋势变化

8 当浊度达到多少时，因监测数据无法客观真实反映水体水质状况，受影响指标可不参与水质评价?

答：①一般水体浊度高于 500 NTU、感潮河段浊度高于 200 NTU 时段内的监测数据；

②浮船站所在水体浊度高于 20 NTU 或藻密度超过所在水体抗干扰阈值浓度时段内的监测数据；

③若仪器使用年限较长或抗干扰能力较差，可结合实际确定其抗浊度限值，限值以上时段内的监测数据。

目前浊度超过“一站一策”备案范围导致高锰酸盐指数、氨氮、总磷、总氮数据失真，不能反映真实水体情况的监测数据可以不参与水质评价。

不参评数据标记见图 3-3。

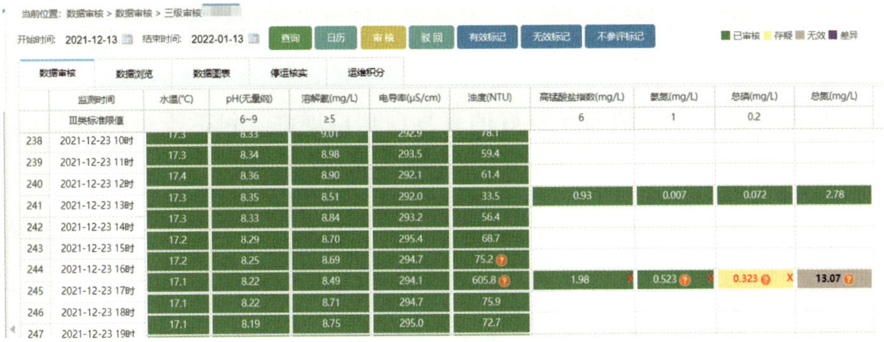

	监测时间	水温(℃)	pH(无量纲)	溶解氧(mg/L)	电导率(μS/cm)	浊度(NTU)	高锰酸盐指数(mg/L)	氨氮(mg/L)	总磷(mg/L)	总氮(mg/L)
	Ⅲ类标准限值		6~9	≥5			6	1	0.2	
238	2021-12-23 10时	17.3	8.33	9.01	292.9	78.1				
239	2021-12-23 11时	17.3	8.34	8.98	293.5	59.4				
240	2021-12-23 12时	17.4	8.36	8.90	292.1	61.4				
241	2021-12-23 13时	17.3	8.35	8.51	292.0	33.5	0.93	0.007	0.072	2.78
242	2021-12-23 14时	17.3	8.33	8.84	293.2	56.4				
243	2021-12-23 15时	17.2	8.29	8.70	295.4	68.7				
244	2021-12-23 16时	17.2	8.25	8.69	294.7	75.2				
245	2021-12-23 17时	17.1	8.22	8.49	294.1	605.8	1.98 X	0.523 X	0.323 X	13.07
246	2021-12-23 18时	17.1	8.22	8.71	294.7	75.9				
247	2021-12-23 19时	17.1	8.19	8.75	295.0	72.7				

图 3-3 不参评数据标记

9 当电导率（或盐度值）超过多少时，受影响指标监测数据无法客观真实反映水体水质状况可不参与水质评价？

答：感潮河段或高盐水体电导率高于 3 000 μS/cm 时段内的监测数据。

10 采水出现什么情形时，溶解氧监测数据无法客观真实反映水体水质状况，可不参与水质评价？

答：①采水管路受采水管路长度（管路长度大于 100 m）或采水位置影响，且溶解氧原位比对结果不合格的监测数据，溶解氧的自动监测数据可不用于水质评价；

②水位过低，采水点水深低于 0.5 m 时的监测数据，可不用于水质评价。

③若仅受水生生物光合作用及呼吸作用影响，导致溶解氧 或 pH 成为单独定类指标时，溶解氧或 pH 自动监测数据可不参与水质评价；

④高原地区溶解氧若受海拔高度影响，自动监测与手工监测水样代表性不一致的监测数据可不参与水质评价。

③与④两种情况需省、市级有关职能部门提供相关证明材料。

11 监测数据的五性要求分别是什么？

答：监测数据的五性包括准确性、精密性、代表性、完整性、可比性。

①准确性指测定值与真实值的符合程度。监测数据的准确性受试样的现场固定、保存、传输和实验室分析等环节影响，一般以监测数据的准确度来表征。

准确度用绝对误差或相对误差表示。准确度的评价方法包括标准样品分析、回收率测定、不同方法比较等。

②精密性是指测定值有无良好的重复性和再现性。包括平行性、重复性、再现性。精密性通常用极差、平均偏差和相对偏差来表示。

③代表性指在具有代表性的时间、地点，按规定的采样要求采集有效样品。

④完整性是指保证按预期计划取得有系统性和连续性的有效样品，而且无缺漏地获得这些样品的监测结果和有关信息。

⑤可比性指用不同测定方法测量同一水样的某污染物时，所得出的结果的吻合程度，如实际水样比对。

12 水站长期停运超一个月，其间如何使用数据进行水质评价?

答：①因采水故障、供电故障、供水故障、站房搬迁、升级改造等原因导致水站停运超过一个月时，手工补测数据或移动监测车比对的数据可作为有效数据用于水质评价。

②无特殊情况下，由于地方保障不力导致水站整月或长期停运，或因未在规定时间内完成站房搬迁，导致水站无法正常运行时，采用近一年内最差数据进行评价。

13 《国家地表水水质自动监测站补测数据审核作业指导书（试行）》中停运补测的审核时限要求有哪些?

答：①一级数据审核员：自动仪器补测数据、便携式仪器补测数据须在当日测试完成后录入平台；实验室补测数据须在采样后7日内录入平台并审核确认；次月1日8时前须完成所有补测数据的录入与审核。

②三级数据审核员：每月7日、14日、21日、28日及时关注补测数据，对一级数据审核员审核后的数据进行复核，做到“应审尽审”。根据材料完整性、数据录入准确性、质控完整性判定补测数据的有效性，次月1日9时前须完成所有补测数据的审核。

14 停运补测数据上传平台后，数据核实的基本内容有哪些?

答：数据和原始记录的一致性、原始记录的完整性和真实性、数据逻辑关系、监测断面水质情况、数据确认。

15 停运补测数据的审核流程是什么?

答：① 查看五参数核查记录

查看五参数核查过程是否规范（仪表探头不可直接插入标液瓶中），每个参数至少上传 2 张照片。

② 查看环境勘察记录

a. 至少上传 3 张照片（须添加水印），要求至少包含大气压、温度、天气、海拔、经纬度、位置、水站名称等信息；

b. 查看采水口及上、下游环境情况，判断是否存在人为干扰监测情形；

c. 查看采样和分析的水站名称是否一致等。

③ 查看水样采集及五参数监测过程

a. 查看水样采集过程是否规范，需体现采样位置；

b. 查看便携式五参数仪器检定日期是否在有效期内；

c. 查看五参数监测数据与平台录入数据是否一致，若不一致，三级数据审核员应及时督促一级数据审核员整改。

④ 查看水样预处理过程

a. 查看水样沉淀 / 离心前后等预处理过程是否按照要求进行（透明瓶，沉降 30 min；浊度大于 200 NTU 时，沉降 60 min）；

b. 查看总磷样品分装是否符合要求（透明瓶白色背景）；

c. 查看固定剂添加后 pH 测试是否符合要求（每瓶对应 1 张 pH 测试结果，自动仪器补测无此项）；

d. 查看样品装箱前照片（水样、空白样、平行样，要求能看清标签内容，自动仪器补测无此项）。

⑤ 查看四参数实验室检测报告（实验室补测）

a. 查看高锰酸盐指数、氨氮、总磷、总氮校准曲线、质控样、平行样、全程序空白样、加标回收测试过程（高锰酸盐指数无加标、无曲线）是否规范。有质控措施且合格则数据有效；

b. 查看报告与平台录入数据是否一致，若不一致，三级数据审核员应及时督促一级数据审核员整改。

⑥ 查看自动仪器质控情况（自动仪器补测）

查看自动仪器补测前 1 日、当日和后 1 日日质控及当月多点线性测试、实际水样比对结果是否合格。

⑦ 查看异常数据

查看离群和超标数据，可根据以下几方面分析数据异常原因：

a. 查看监测断面历史水质情况（历史自动监测数据、比对监测数据等）。结合采样当天气象、水文等情况，综合判断监测数据的代表性；

b. 查看各参数监测数据逻辑关系（如氨氮与总氮）、上下游水质情况、多参数变化趋势、监测结果与当时水文情况之间关系等是否合理；

c. 查看水站同比和环比水质情况。

⑧ 数据审核确认

数据审核员对以上相关材料进行审查，在确定相关材料完整、数据上传（录入）无误、质控结果合格后判定数据有效。

16 哪些情况下导致国控水站数据缺失时，不需要人工补测?

答：当发生台风、暴风雪、地震、洪水、泥石流、塌方、断流、结 / 化冰期等不可抗力因素导致无法人工采样，此种情况下造成的数据缺失不需要进行补测。因断流（包括冰层下无水）、结 / 化冰期、洪水等不可抗力因素影响不具备采样条件的，经总站确认同意后，可不开展补测，但需完成采样现场情况的记录工作。

17 平台数据审核依据包含哪些内容?

答：①数据规范性：查看系统过程日志（图3-4），监测全过程自动监测仪器与设备是否运行正常；

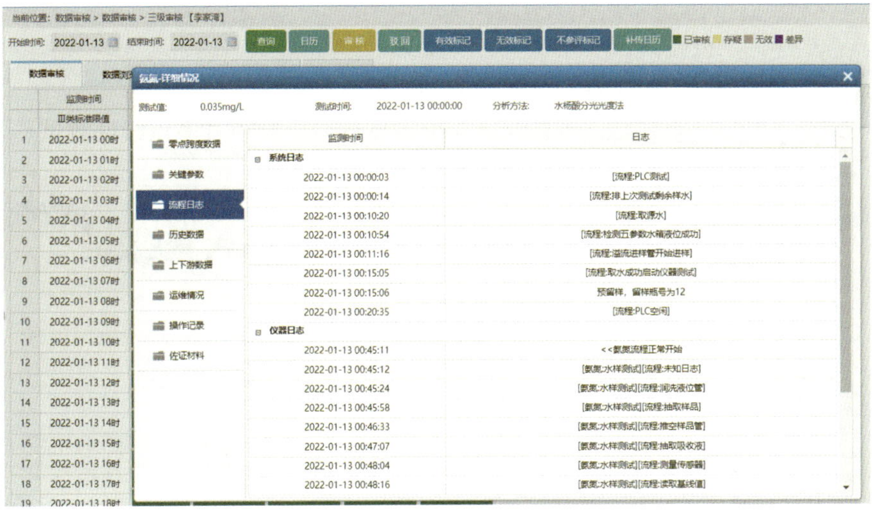

图 3-4 测试数据系统日志、流程日志

②质控符合性：质控过程及手段是否符合相关质控要求，质控数据是否合格（图3-5）；

图 3-5 日质控测试值界面

③逻辑合理性：相关监测项目数据之间逻辑关系是否合理，上下游之间监测数据逻辑关系是否合理（图 3-6）；

图 3-6 溶解氧测试值趋势变化

④数据可比性：当前监测数据与历史数据及最近一次的手工监测数据是否可比；

⑤样品代表性：是否由于降雨影响、水体藻类较多、上游断流、冰封期冰层下水深较浅、采样期间水体中有突发性污染团过境等原因导致样品无代表性。

18 什么是地表水手工监测有效数据?

答：指水样经手工采样、分析、计算、汇总得出，并通过审核、确认有效的各项指标监测数据，简称手工数据。

19 什么是地表水自动监测有效实时数据?

答：指水样经水站采样、分析、计算、上传、汇总得出，并通过审核、确认有效的各项指标实时监测数据，简称自动数据。

20 什么是代表值?

答：指用于代表水体在某一时段内各监测指标整体浓度水平的统计结果，根据代表时段不同，主要分为日代表值、月代表值、季代表值和年代表值等。

21 什么是数据整合?

答：指同一统计范围内的各单项指标获得多个不同类型、数量的监测结果时，将多个监测结果整合为 1 组数据用于代表值统计的过程。

22 什么是日代表值?

答：各单项指标（pH 除外）的日代表值为当日实际获得的全部自动数据的算术平均值。pH 的日代表值采用当日实际获得的全部 pH 对应氢离子浓度算术平均值的负对数表示，计算时先采用 pH 自动数据计算对应时段的氢离子浓度值，再计算当日全部氢离子浓度算术平均值，最终计算该算术平均值的负对数。

23 简述《“十四五”国家地表水监测及评价方案（试行）》“9+X”监测、“5+X”评价指标。

答：9 项基本指标为水温、pH、溶解氧、电导率、浊度、高锰酸盐指数、氨氮、总磷、总氮（湖库增测叶绿素 a、透明度等指标）。

16 项特征指标为化学需氧量、五日生化需氧量、铜、锌、氟化物、硒、砷、汞、镉、铬（六价）、铅、氰化物、挥发酚、石油类、阴离子活性表面活性剂。

“9”为基本指标：水温、pH、溶解氧、电导率、浊度、高锰酸盐指数、氨氮、总磷、总氮（湖库增测叶绿素 a、透明度等指标）。

“X”为特征指标：《地表水环境质量标准》（GB 3838—2002）表 1 基本项目的 16 项中，上一年及当年出现过的超过Ⅲ类标准限值的指标；若断面考核目标为 I 或 II 类，则为超过 I 类或 II 类标准限值的指标。特征指标结合水污染防治工作需求动态调整。

“9+X”是指“十四五”国家地表水监测指标体系，“5+X”是指“十四五”国家地表水评价指标体系。

评价指标为“5+X”，即：pH、溶解氧、高锰酸盐指数、氨氮、总磷等5项基本指标及该断面的特征指标“X”。水温、电导率、浊度因无相应标准限值，不参与水质评价，但作为参考指标用于判断水质是否在受泥沙、盐度及溶解氧等影响下开展的监测工作；总氮参与湖库营养状态评价。

24 《“十四五”国家地表水监测及评价方案（试行）》什么时间实施?

答：2021年1月1日起实施。

每个自然日所有有效自动监测数据均参与评价，且实际参与计 算的自动数据量不得低于当日应获得全部数据量的60%。日代表值仅针对自动数据，手工数据不参与日代表值统计。

25 什么是月代表值?

答：根据监测方式不同，月代表值可分为手工月代表值和自动月代表值。手工月代表值为各单项指标的当月手工数据。如当月实际获得的日代表值不少于当月应获得全部日代表值的60%，可进行自动月代表值统计，统计时所有有效自动监测数据均参与评价。自动月代表值（pH除外）为各单项指标当月实际获得全部自动数据的算术平均值。pH的自动月代表值采用当月全部pH自动数据对应氢离子浓度算术平均值的负对数表示，计算方法同日代表值。当某一单项指标由于当月或连续数月未开展监测导致月代表值缺失时，采用该指标上一个临近月份的月代表值作为替代月代表值。

26 什么是季代表值?

答：根据监测方式不同，季代表值可分为手工季代表值和自动季代表值。季代表值为各单项指标（包括pH）当季全部月份月代表值的算术平均值。

27 什么是年代表值?

答：根据监测方式不同，年代表值可分为手工年代表值和自动年代表值。年代表值为各单项指标（包括pH）当年全部月份月代表值的算术平均值。

28 同一断面（点位）不同采样点的监测指标数据整合成该断面（点位）的指标数据，应遵循哪些规则？

答：①pH 采用断面所有采样点氢离子浓度算术平均值的负对数；

②溶解氧和石油类采用表层采样点的算术平均值；

③透明度采用湖库所有采样垂线实测值的算术平均值；

④其余项目采用断面所有采样点算术平均值；

⑤入海河流断面采用退平潮采样点数据参与断面数据整合。

29 数据补遗规则是什么？

答：当单项指标月代表值缺失时，采用该指标上一个临近月份的月代表值进行替代，参与该断面（点位）当月代表值的数据整合，用于当月水质评价。由于污染事故造成严重超标的指标不作为替代月代表值。

由于地方基础保障工作不到位，造成自动监测指标数据量不满足统计要求的，采用该指标当前时段向前一年最差实时数据替代统计时段代表值。

断面出现地方干扰监测、数据弄虚作假等行为，采用该断面当前时段向前一年最差月代表值替代统计时段代表值。

30 地表水水质评价采用什么方法？请分别评价下列断面的水质状况（表 3-1），并简要叙述评价过程。

表 3-1 测试值

断面名称	断面类型	pH	溶解氧 /（mg/L）	高锰酸盐指数 /（mg/L）	氨氮 /（mg/L）	总磷 /（mg/L）
断面 1	河流	7.66	5.82	1.2	0.06	0.15
点位 2	湖库	7.24	6.48	2.3	0.02	0.15

答：①地表水水质评价采用单因子评价法，即根据评价时段内该断面参评的指标中类别最高的一项来确定，标准限值相同的按最优水质评价；

②断面 1 是河流断面，总磷评价执行河流标准，pH、溶解氧、高锰酸盐指数、

氨氮和总磷分别满足地表水Ⅰ类、Ⅲ类、Ⅰ类、Ⅰ类和Ⅲ类水质标准，因此综合评价该断面为Ⅲ类水质，断面水质良好；

③点位2是湖库点位，总磷评价执行湖库标准，pH、溶解氧、高锰酸盐指数、氨氮和总磷分别满足地表水Ⅰ类、Ⅱ类、Ⅱ类、Ⅰ类和Ⅴ类水质标准，因此综合评价该断面水质类别为Ⅴ类水，点位水质为中度污染。

31 该水站位于长江流域某支流，5月12日和5月19日两个时间段分别降雨，请简要分析趋势原因，并判断数据是否有效。

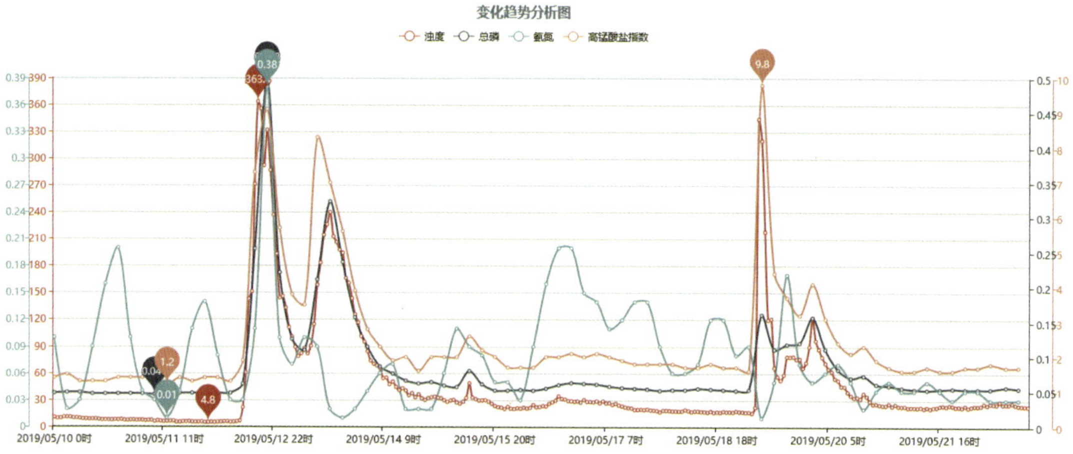

图 3-7 多参数监测数据趋势变化

答：从降雨的时间和浊度变化趋势分析，两次变化为降雨浊度升高导致数据发生变化，浊度、高锰酸盐指数、氨氮、总磷浓度同步升高，现场照片显示水体较浑浊（图3-7），判定为有效数据。

32 当溶解氧出现过饱和超量程的情况，运维人员该怎样证明仪器的正常和数据的有效性？

答：①溶解氧数据超过量程后，应进行测量池和原位比对；

②使用检定有效期内的便携式设备进行两点校准（零点校准，饱和空气校准）

验证便携设备正常后，进行水样比对，比对合格则数据正常，比对不合格，则分析是否为集成影响或电极故障；

③比对过程拍照并记录，形成报告提交三级数据审核人员。

33 水站数据电导率出现 0 或者异常小值，可能原因有哪些？怎么处理？

答：①电导率电极故障，需更换；

②根据其他监测指标数据进行比较分析，可能为采水故障，如为采水故障则检查水泵、管路、阀门等是否正常。

34 当溶解氧监测数据出现哪种情形时，应开展现场比对工作？

答：①溶解氧 4 小时均值连续 3 次低于或超出前 3 天均值的 75%；

②溶解氧超饱和（大周期 2 组、小周期 4 组）监测数据高于 15 mg/L；

③溶解氧（大周期 2 组、小周期 4 组）监测数据低于 3 mg/L；

④非饱和状态下溶解氧监测数据出现断崖式波动，波动幅度超过 2 mg/L 且连续（大周期 2 组、小周期 4 组）；

⑤感潮断面以及受水草、浮游微生物光合作用、呼吸作用等导致溶解氧数据波动异常；

⑥昼夜变化大的国控水站，每月核实 1 次或根据三级数据审核员要求开展比对工作。

35 日常数据审核注意事项有哪些？

答：在数据处理过程中，出现以下情况需对数据进行复核或审核无效：

①监测数据中断；

②监测数据长时间不变或短时间突变，监测数据低于仪器检出限；

③监测仪器设备状态参数异常或监测仪器设备发生故障时的监测数据；

④经污染物之间相关性分析、气象条件、水站所在地历史数据分析认为明显违背常理的监测数据。

36 每日异常数据核实的要求是什么?

答：登录运维账号，每日 12 点前查看平台“每日异常数据核实”项（图 3-8），检查 pH、溶解氧、高锰酸盐指数、氨氮、总磷、总氮中哪项存在预警次数，根据预警详情，填写核实情况。

	操作	现场照片	省份	地区	MN	站点名称	站点类型	河流	所属包件	pH 预警次数	pH 日均值(无量纲)	溶解氧 预警次数
1	核实		云南省	楚雄彝族自治州	A532300_2009	西观桥	河流	龙川江	[illegible]			8
2	核实		云南省	红河哈尼族彝族自治	A532500_2010	长虹桥	河流	南盘江	[illegible]	5		1
3	核实		云南省	曲靖市	A530300_2008	天生桥	河流	南盘江	[illegible]			6
4	核实		云南省	大理白族自治州	A532900_2011	江尾	河流	弥苴河	[illegible]			7
5	核实		云南省	楚雄彝族自治州	A532300_2007	水文站	河流	星宿江	[illegible]			6
6	核实		云南省	红河哈尼族彝族自治	A532500_0003	蚂蟥堡桥	河流	南溪河	[illegible]	2		
7	核实		云南省	德宏傣族景颇族自治	A533100_0004	选撒大桥	河流	南畹河	[illegible]	15		
8	核实		云南省	昆明市	A530100_0020	宝丰村入湖口	河流	宝象河	[illegible]			5
9	核实		云南省	昆明市	A530100_0022	茨巷河入湖口(牛恋	河流	茨巷河	[illegible]	5		
10	核实	查看	云南省	昆明市	A530100_0021	江尾下闸	河流	洛龙河	[illegible]			6
11	核实		四川省	南充市	A511300_2003	金溪电站	河流	嘉陵江	[illegible]	1		1
12	核实		重庆市	酉阳土家族苗族自治	A500242_0001	红花村	河流	唐岩河	[illegible]	19		19

图 3-8 每日异常数据核实界面

37 当更换高锰酸盐指数试剂后进行校准时，本次校准信息与前一次相比差异较大，且监测数据明显异常，该如何处理?

答：①先比较两次校准信息的差距，判断校准信息整体偏高还是偏低。

②在保证仪器进样管路无漏气的情况下，根据仪器测量方法（ORP 电极或分光光度法）进行进一步判定：

a. 若为 ORP 电极法，则需要对电极进行维护，查看电极电位是否正常，若不正常则需要对电极进行拆卸，并将电极前段放入缓冲液中进行浸泡 1 ～ 2 小时后重新进行安装使用，电极浸泡期间应对反应池进行清洗，对转子和滴定管进行更换或清洗。处理完毕后重新进行校准，若校准信息仍有问题，则需要对关联部件进行更换（电极）。

b. 若为分光光度法，则需要对检测光纤、信号板接口处进行检查，有无灰尘附着，接线是否松脱。检查无误后，重新进行校准。若校准信息仍有问题，则需要对关联部件进行更换（反应池）。

c. 校准完毕后在确保纯水和标准物质无问题的前提下，对仪器进行梯度的标样核查测试来检查仪器的准确性，从而排除标准物质的影响。

38 站点数据出现异常超标应如何排查?

答：①当水站数据出现异常时，需要运维人员立即前往现场排查，首先需要确认仪表的状态，通过留样器水样复测、对仪表进行标样核查等质控手段，确保仪表的准确性；

②对异常时间段的各个监测因子进行分析，检查因子之间的数据曲线关系，协助排查分析原因；

③针对五参数异常超标，需要进行原位比对工作，比对位置在采水口以下 0.5 m，针对总磷、总氮、氨氮、COD_{Mn} 等因子，将水样送至 CMA 实验室进行复测；

④运维人员现场对采水断面上下游进行实地排查，查看水体情况，是否有污染事故；

⑤当确认出现超标情况时，应第一时间进行上报，同时编写数据异常报告等汇报材料。

水质异常说明函见图 3-9。

中国环境监测总站

关于报送国家水质自动监测站水质异常的函

（2022 年第 1 期：[illegible]）

监测司：

近期，我站在审核国家水质自动监测站数据时发现，海南省万宁市后山村水站溶解氧、氨氮、总磷的自动监测数据存在异常，水质有变差的趋势。经现场核实，该水站仪器设备运行正常。具体情况如下：

[illegible]于珠江流域东山河，近上半年月均值水质类别为Ⅳ类到劣Ⅴ类之间。

截至目前，该水站水质为劣Ⅴ类，主要污染指标为溶解氧、氨氮、总磷。1 月 1 日 2 时至今，溶解氧在Ⅱ~劣Ⅴ类波动，1 月 10 日 3 时达最低值，为 1.97mg/L。氨氮Ⅱ~Ⅴ类波动，1 月 10 日 4 时达最高值，为 1.738 mg/L。总磷在Ⅲ~Ⅳ类波动，1 月 9 日 20 时达最高值，为 0.242mg/L。详见图 1。

经现场核查，各仪器性能满足规范要求，核查结果均合格。详见图 2~6。

经运维人员现场巡查，水体呈橘黄色，采水口上游以及采水口附近均无异常情况，具体见图 7。

图 3-9 水质异常说明函

DI-SI PIAN
LIANJIE YUNWEI PIAN

第四篇　廉洁运维篇

国控水站的运行质量，一定程度上取决于运维队伍的素质，打造一支站位高、本领强、敢担当的运维铁军是重中之重。

为进一步规范运维行为，总站从思想源头和运维监管两方面抓好队伍建设。一是加强教育，组织运维人员学习有关文件精神，常态化开展党风廉政宣贯，以案说法、以案为鉴，使运维人员在心中牢固树立起环境监测的责任田、奠基石和生命线意识；二是加强监管，将运维人员统一纳入总站廉洁从政监察范围，制定廉洁运维正面清单和禁止清单，健全质量监督责任体系，惩治弄虚作假保持高压态势。

廉洁运维篇的知识需要运维人员学习与掌握，更需要运维人员心有所畏、言有所戒、行有所止，真正做到踏踏实实搞运维、干干净净出数据。

1 生态环境部污染防治攻坚战强化监督工作“五不准”要求是什么？

①不准违反组织纪律；

②不准违反工作纪律；

③不准出现不良工作作风；

④不准滥用职权、以权谋私；

⑤不准违反廉洁纪律，树立污染防治攻坚战强化监督工作的良好形象。

2 廉洁运维正面清单包含哪些内容？

①采样现场或运维过程中，地方人员有擅自拍照、阻挠、要求分装样品等干扰监测行为的，应立即拒绝、劝阻并在原始（运维）记录中做好备注；

②采样或运维过程中需要地方提供船只、协调通行等基础保障的，应提前做好情况说明并在采样或运维记录上备注；

③发现断面（点位）、自动站上下游及周边规定范围内有新增排污口、发生污染事故或存在非法倾倒行为的，应及时向总站报告；

④发现断面（点位）、自动站取水口上下游及周边规定范围内，临时设置人工喷泉、曝气等增氧措施或投放生物、化学药剂等，应及时向总站报告；

⑤发现断面(点位)、自动站取水口上下游或周边规定范围内，存在截污改道，或以筑坝、开沟、引渠等方式改变河道走向等异常情况的，应及时向总站报告；

⑥发现监测数据异常时，应立即向总站报告；

⑦运输人员根据监测计划，可在规定时间内按要求与分析测试单位取得联系，告知样品送达时间；

⑧积极配合各地疫情防控工作，做好健康防护。

3 廉洁运维禁止清单包含哪些内容？

①严禁违规向地方相关部门或人员透露采样时间、监测频次、送测关系等关键信息；

②严禁擅自变更采样时间、采样方式、断面或采水口位置；

③严禁篡改、伪造或者指使篡改、伪造监测数据和仪器关键参数；

④ 严禁通过稀释、勾兑、替换等方式，改变水样代表性；

⑤严禁擅自给地方相关部门或人员采集样品或分装水样；

⑥严禁擅自向地方相关部门或人员透露监测数据或水质评价结果；

⑦严禁私自带领非运维人员进入水站或采水口现场范围活动；

⑧严禁擅自使用地方部门或人员提供的交通工具；

⑨严禁利用工作之便向地方推销技术服务、产品设备，或要求参加、承揽地方相关项目；

⑩严禁收受地方相关部门或人员的红包、礼品礼金、有价证券、土特产等；

⑪严禁参加地方相关部门或人员组织的宴请、参观、旅游、娱乐项目等；

⑫严禁由地方报销本应由公司或个人承担的住宿费、饭费、交通费等。

平台廉洁清单界面见图 4-1。

当前位置：数据采集 > 站点信息 > 运维记录

廉洁清单

	项目	描述	备注
1	1.运维或采样现场过程中，是否有地方人员有擅自拍照、阻挠、要求分装样品等干扰监测行为的。	否	是否及时上报总站:
2	2.运维过程中，需要地方提供船只、协调通行等基础保障的，提前做好情况说明并在运维记录上备注。	是	是否及时上报总站：是
3	3.发现断面(点位)、自动站上下游及周边范围内有新增排污口、发生污染事故或存在非法倾倒行为。	否	是否及时上报总站:
4	4.发现断面(点位)、自动站取水口上下游及周边规定范围内，临时设置人工喷泉、曝气等增氧措施或投放生物、化	否	是否及时上报总站:
5	5.发现断面(点位)、自动站取水口上下游或周边规定范围内，存在截污改道，或以筑坝、开沟、引渠等方式改变河	否	是否及时上报总站:
6	6.发现监测数据异常。	否	是否及时上报总站:
7	7.积极配合各地疫情防控工作，做好健康防护。	是	
8	8.违规向地方相关部门或人员透露采样时间、监测频次、送测关系等关键信息。	否	
9	9.擅自变更采样时间、采样方式、断面位置或采水口位置	否	
10	10.篡改、伪造或者指使篡改、伪造监测数据和仪器关键参数	否	
11	11.通过稀释、勾兑、替换等方式，改变水样代表性。	否	
12	12.擅自给地方相关部门或人员采集样品或分装水样。	否	
13	13.擅自向地方相关部门或人员透露监测数据或水质评价结果。	否	
14	14.私自带领非运维人员进入水站或采水口现场范围活动。	否	
15	15.擅自使用地方部门或人员提供的交通工具。	否	
16	16.利用工作之便向地方推销技术服务、产品设备，或要求参加、承揽地方相关项目。	否	
17	17.收受地方相关部门或人员的红包、礼品礼金、有价证券、土特产等。	否	
18	18.参加地方相关部门或人员组织的宴请、参观、旅游、娱乐项目等。	否	
19	19.由地方报销本应由公司或个人承担的住宿费、饭费、交通费等。	否	

图 4-1 平台廉洁清单界面

4 地方人员询问水站日常、质控、比对、盲样测试等数据时可否告知?

答：不可以，水站数据属于保密数据，运维机构人员不可泄密。

5 运维机构是否可接受地方宴请?

答：否，禁止接受地方相关部门的宴请、贿赂；禁止参加地方相关部门或人员组织的宴请、参观、旅游、健身、娱乐等活动；禁止收受地方相关部门或人员的红包、礼品礼金、消费卡、有价证券、支付凭证、商业预付卡、电子礼券、土特产等。

6 运维机构是否可带非运维人员进入水站或采水口现场?

答：①国家水站禁止非运维人员随意进入水站或采水口现场范围活动，禁止运维机构私自带领非运维人员进入水站或采水口现场范围活动；

②确因工作需要进入水站，须提前申请报备，由运维人员陪同，并做好登记备案；

③非运维人员进入站内不得有干扰正常监测工作的操作或行为，包括操作仪表、拷贝数据等，如有上述行为运维人员应及时制止并上报总站。

参考文献

[1] 中国环境科学研究院 . 地表水环境质量标准 : GB 3838-2002[S]. 北京 : 中国环境出版集团 , 2019.

[2] 中国环境监测总站 . 地表水水质自动监测站运行维护技术要求 (试行) [Z].2019.

[3] 中国环境监测总站 . 地表水水质自动监测站安装验收技术要求 (试行) [Z].2019.

[4] 中国环境监测总站 . 地表水水质自动监测站站房及采排水技术要求 (试行) [Z].2019.

[5] 中国环境监测总站 . 国家地表水水质自动监测站运行维护管理实施细则 (试行) [Z].2019.

[6] 中国环境监测总站 . 国家地表水水质自动监测站补充监测技术规定 (试行) [Z].2021.

[7] 中国环境监测总站 . 国家水站停运补测数据核实规则 (总站水室审字〔2020〕5 号) [Z].2020.

[8] 中国环境监测总站 . 国家地表水环境质量监测网采测分离采样技术导则 [Z].2017.

[9] 中国环境监测总站 . 平台填报规范性检查方案 (总站水室运字〔2020〕5 号) [Z].2020.

[10] 生态环境监测司 , 中国环境监测总站 . 关于涉嫌人为干扰环境质量监测行为的处理及情况报送机制 (试行) [Z].2019.

[11] 生态环境部 . " 十四五 " 国家地表水环境质量监测网断面设置方案 [Z].2020.

[12] 原环境保护部 . 地表水自动监测技术规范 (试行) : HJ 915-2017[S]. 北京 : 中国环境出版集团 , 2018.

[13] 原环境保护部 . 水质样品的保存和管理技术规定 : HJ 493-2009[S]. 北京 : 中国环境科学出版社 , 2009.

[14] 原环境保护部 . 国家地表水环境质量监测网监测任务作业指导书 (试行) [Z].2017.

[15] 中国环境监测总站 . 国家地表水水质自动监测站常规五参数现场比对技术要求 (试行) [Z].2021.

[16] 原国家环境保护总局 . pH 水质自动分析仪技术要求 : HJ/ T 96-2003[S]. 北京 : 中国环境科学出版社 , 2003.

[17] 原国家环境保护局 . 水质 pH 值的测定 玻璃电极法 : GB/T 6920-1986[S]. 北京 : 中国标准出版社 , 1987.

[18] 原环境保护部 . 水质 溶解氧的测定 电化学探头法 : HJ 506-2009[S]. 北京 : 中国环境科学出版社 , 2009.

[19] 原环境保护部 . 便携式溶解氧测定 仪技术要求及检测方法 : HJ 925-2017[S]. 北京 : 中国环境出版集团 , 2018.

[20] 生态环境部 . 水质 浊度的测定 浊度计法 : HJ 1075-2019[S]. 北京 : 中国环境出版集团 , 2020.

[21] 原国家环境保护总局 . 电导率水质自动分析仪技术要求 : HJ/ T 97-2003[S]. 北京 : 中国环境科学出版社 , 2003.

[22] 原国家环境保护总局 . 高锰酸盐指数水质自动分析仪技术要求 : HJ/T 100-2003[S]. 北京 : 中国环境科学出版社 , 2003.

[23] 生态环境部 . 氨氮水质在线自动监测仪技术要求及检测方法 : HJ/T 101-2019[S]. 北京 : 中国环境出版集团 , 2019.

[24] 原国家环境保护总局 . 总氮水质自动分析仪技术要求 : HJ/ T 102-2003[S]. 北京 : 中国环境科学出版社 , 2003.

[25] 原国家环境保护总局 . 总磷水质自动分析仪技术要求 : HJ/T 103-2003[S]. 北京 : 中国环境科学出版社 , 2003.

[26] 原国家环境保护局 . 水质 总磷的测定 钼酸铵分光光度法 : GB/T 11893-1989[S]. 北京 : 中国标准出版社 , 1989.

[27] 生态环境部 . 水质 总大肠菌群、粪大肠菌群和大肠埃希氏菌的测定 酶底物法 : HJ 1001-2018[S]. 北京 : 中国环境出版集团 , 2019.

[28] 生态环境部 . 水质 粪大肠菌群测定 滤膜法 : HJ 347.1-2018[S]. 北京 : 中国环境出版集团 , 2019.

[29] 生态环境部 . 水质 粪大肠菌群测定 多管发酵法 : HJ 347.2-2018[S]. 北京 : 中国环境出版集团 , 2019.

[30] 中国机械工业勘察设计协会 . 建筑物防雷设计规范 : GB 50057-2010[S]. 北京 : 中国计划出版社 , 2011.

[31] 中国气象局 . 中华人民共和国防雷减灾管理办法 [Z].2013.

[32] 生态环境部 . 环境监测数据弄虚作假行为判定及处理办法 [Z].2015.

[33] 生态环境部 . 关于印发《地表水环境质量评价办法 (试行) 》的通知 (环办〔2011〕22 号) [Z].2011.

[34] 原环境保护部 . 《关于加快推进国家地表水环境质量监测网水质自动监测站建设工作的通知》 (环办监测函 〔2017〕 17602 号) [Z].2017.